Wordで困ったときの解決&便利技

改訂3版

2019/2016/2013/365対応版

技術評論社

本書の使い方

- 画面の手順解説だけを読めば、操作できるようになる！
- もっと詳しく知りたい人は、補足説明を読んで納得！
- これだけは覚えておきたい機能を厳選して紹介！

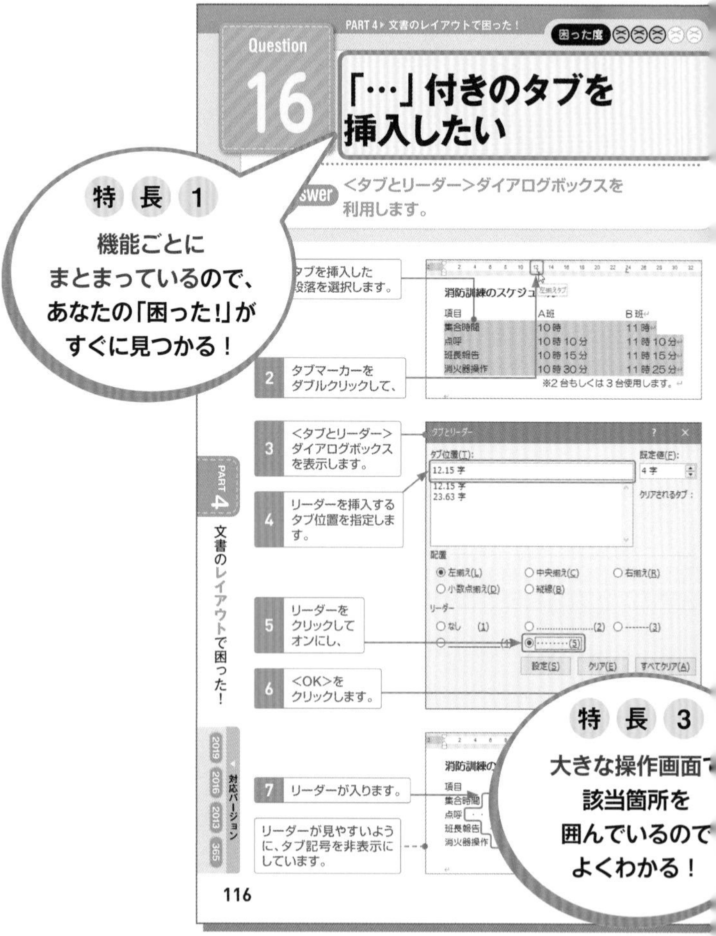

PART 4 ▸ 文書のレイアウトで困った！
困った度
Question 16
「…」付きのタブを挿入したい
Answer <タブとリーダー>ダイアログボックスを利用します。
特長 1
機能ごとにまとまっているので、あなたの「困った！」がすぐに見つかる！
1 タブを挿入した段落を選択します。
消防訓練のスケジュール
項目 A班 B班
集合時間 10時 11時
点呼 10時10分 11時10分
班長報告 10時15分 11時15分
消火器操作 10時30分 11時25分
※2台もしくは3台使用します。
2 タブマーカーをダブルクリックして、
3 <タブとリーダー>ダイアログボックスを表示します。
4 リーダーを挿入するタブ位置を指定します。
タブとリーダー
タブ位置(T):
12.15 字
12.15 字
23.63 字
設定値(F):
4 字
クリアされるタブ：
配置
左揃え(L) 中央揃え(C) 右揃え(R)
小数点揃え(D) 縦線(B)
リーダー
なし (1) …………(2) -------(3)
————(4) ········(5)
設定(S) クリア(E) すべてクリア(A)
5 リーダーをクリックしてオンにし、
6 <OK>をクリックします。
特長 3
大きな操作画面で該当箇所を囲んでいるのでよくわかる！
PART 4 文書のレイアウトで困った！
対応バージョン 2019 2016 2013 365
7 リーダーが入ります。
リーダーが見やすいように、タブ記号を非表示にしています。
116

特長2

やわらかい上質な紙を使っているので、開いたら閉じにくい！

● 基本操作

赤い矢印の部分だけを読んで、
パソコンを操作すれば、
難しいことはわからなくても、
あっという間に操作できる！

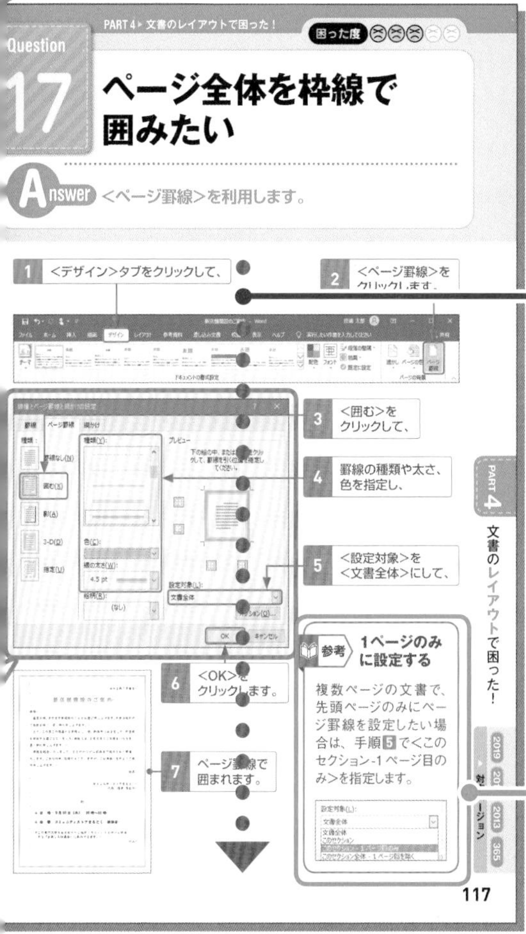

PART 4 ▶ 文書のレイアウトで困った！

困った度

Question 17

ページ全体を枠線で囲みたい

Answer ＜ページ罫線＞を利用します。

1 ＜デザイン＞タブをクリックして、

2 ＜ページ罫線＞をクリックします。

3 ＜囲む＞をクリックして、

4 罫線の種類や太さ、色を指定し、

5 ＜設定対象＞を＜文書全体＞にして、

6 ＜OK＞をクリックします。

7 ページ罫線で囲まれます。

参考 1ページのみに設定する

複数ページの文書で、先頭ページのみにページ罫線を設定したい場合は、手順5で＜このセクション-1ページ目のみ＞を指定します。

PART 4 文書のレイアウトで困った！

対応バージョン 2019 2016 2013 365

117

● 補足説明

操作の補足的な内容を適宜配置！

メモ
補足説明

参考
操作のポイント

注意
注意事項

パソコンの基本操作

- 本書の解説は、基本的にマウスを使って操作することを前提としています。
- お使いのパソコンのタッチパッド、タッチ対応モニターを使って操作する場合は、各操作を次のように読み替えてください。

1 マウス操作

▼クリック（左クリック）

クリック（左クリック）の操作は、画面上にある要素やメニューの項目を選択したり、ボタンを押したりする際に使います。

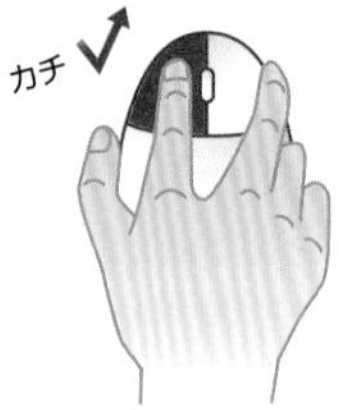

マウスの左ボタンを1回押します。

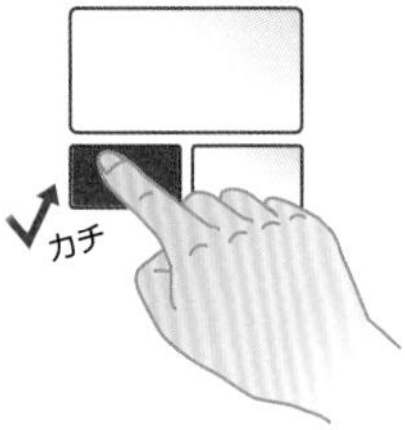

タッチパッドの左ボタン（機種によっては左下の領域）を1回押します。

▼右クリック

右クリックの操作は、操作対象に関する特別なメニューを表示する場合などに使います。

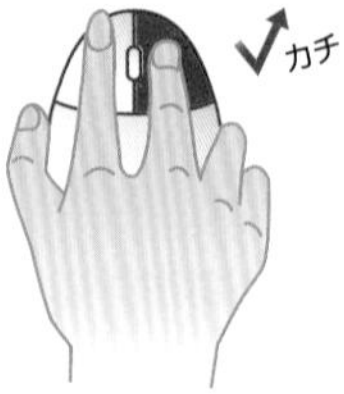

マウスの右ボタンを1回押します。

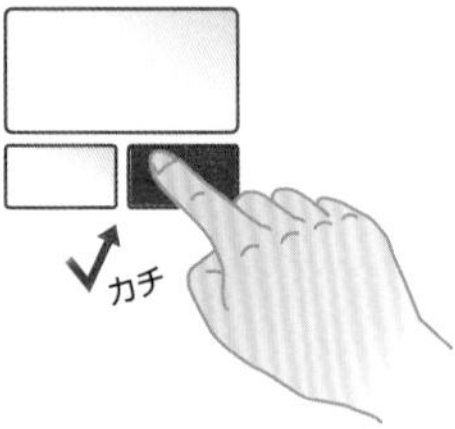

タッチパッドの右ボタン（機種によっては右下の領域）を1回押します。

▼ダブルクリック

ダブルクリックの操作は、各種アプリを起動したり、ファイルやフォルダーなどを開く際に使います。

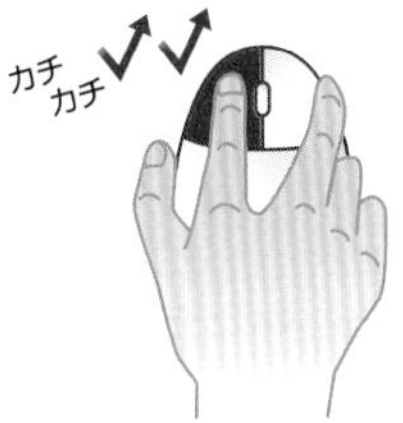

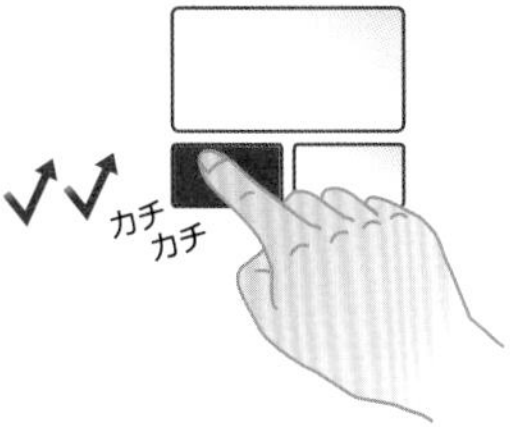

マウスの左ボタンをすばやく2回押します。

タッチパッドの左ボタン（機種によっては左下の領域）をすばやく2回押します。

▼ドラッグ

ドラッグの操作は、画面上の操作対象を別の場所に移動したり、操作対象のサイズを変更する際などに使います。

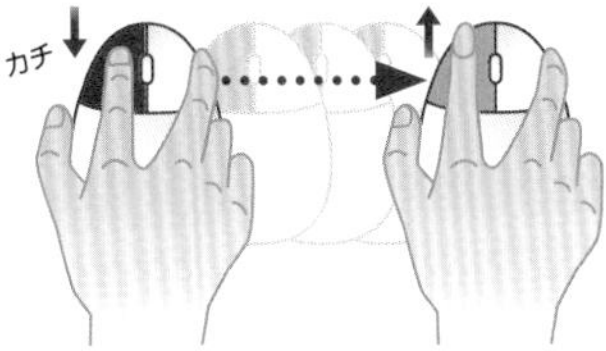

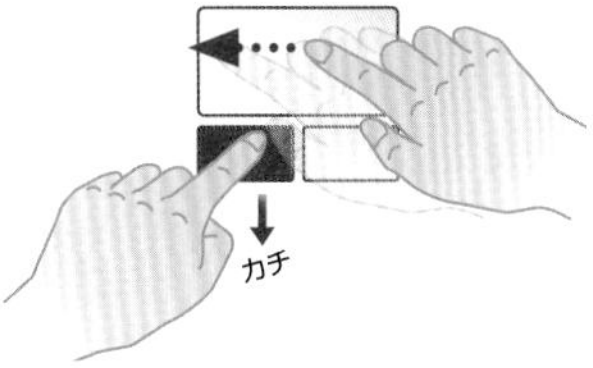

マウスの左ボタンを押したまま、マウスを動かします。目的の操作が完了したら、左ボタンから指を離します。

タッチパッドの左ボタン（機種によっては左下の領域）を押したまま、タッチパッドを指でなぞります。目的の操作が完了したら、左ボタンから指を離します。

メモ　ホイールの使い方

ほとんどのマウスには、左ボタンと右ボタンの間にホイールが付いています。ホイールを上下に回転させると、Webページなどの画面を上下にスクロールすることができます。そのほかにも、Ctrlを押しながらホイールを回転させると、画面を拡大／縮小したり、フォルダーのアイコンの大きさを変えたりできます。

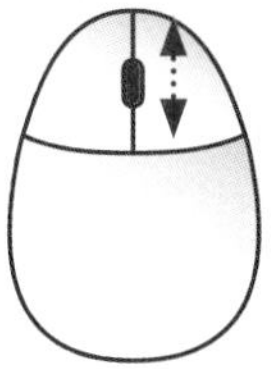

2 利用する主なキー

▼ 半角／全角キー

[半角/全角 漢字] 日本語入力と英語入力を切り替えます。

▼ エンターキー

[Enter] 変換した文字を決定するときや、改行するときに使います。

▼ ファンクションキー

[F1] ～ [F12] 12個のキーには、ソフトごとによく使う機能が登録されています。

▼ デリートキー

[Delete] 文字を消すときに使います。「del」と表示されている場合もあります。

▼ バックスペースキー

[Back Space] 入力位置を示すポインターの直前の文字を1文字削除します。

▼ 文字キー

文字を入力します。

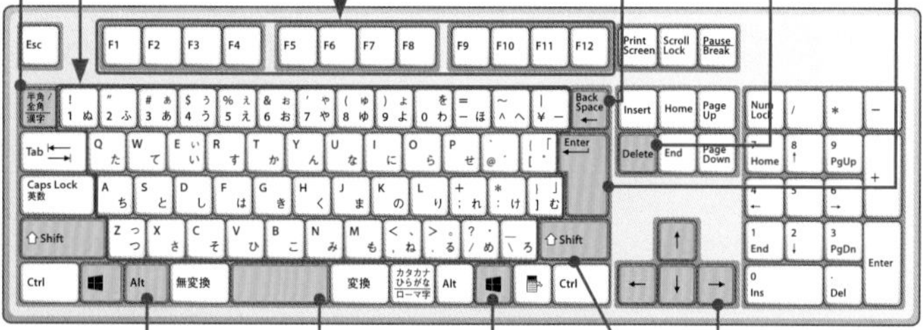

▼ オルトキー

[Alt] メニューバーのショートカット項目の選択など、ほかのキーと組み合わせて操作を行います。

▼ Windows キー

画面を切り替えたり、<スタート>メニューを表示したりするときに使います。

▼ 方向キー

文字を入力する位置を移動するときに使います。

▼ スペースキー

ひらがなを漢字に変換したり、空白を入れたりするときに使います。

▼ シフトキー

[⇧Shift] 文字キーの左上の文字を入力するときは、このキーを使います。

3 タッチ操作

▼ タップ

画面に触れてすぐ離す操作です。ファイルなど何かを選択するときや、決定を行う場合に使用します。マウスでのクリックに当たります。

▼ ダブルタップ

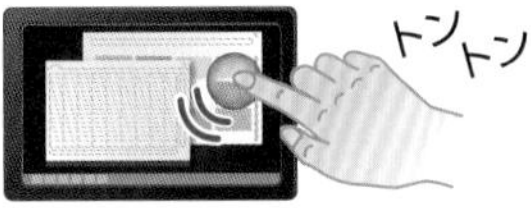

タップを2回繰り返す操作です。各種アプリを起動したり、ファイルやフォルダーなどを開く際に使用します。マウスでのダブルクリックに当たります。

▼ ホールド

画面に触れたまま長押しする操作です。詳細情報を表示するほか、状況に応じたメニューが開きます。マウスでの右クリックに当たります。

▼ ドラッグ

操作対象をホールドしたまま、画面の上を指でなぞり上下左右に移動します。目的の操作が完了したら、画面から指を離します。

▼ スワイプ／スライド

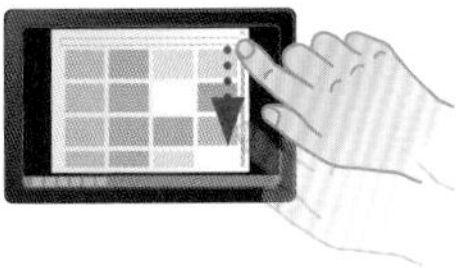

画面の上を指でなぞる操作です。ページのスクロールなどで使用します。

▼ フリック

画面を指で軽く払う操作です。スワイプと混同しやすいので注意しましょう。

▼ ピンチ／ストレッチ

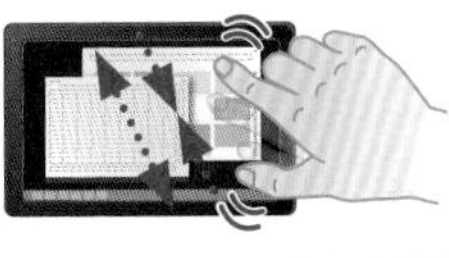

2本の指で対象に触れたまま指を広げたり狭めたりする操作です。拡大（ストレッチ）／縮小（ピンチ）が行えます。

▼ 回転

2本の指先を対象の上に置き、そのまま両方の指で同時に右または左方向に回転させる操作です。

Contents

PART 1 Wordの基本で困った！

PART 2 文字の入力で困った！

PART 3 文字の装飾で困った！

PART 4 文書のレイアウトで困った！

PART 5 写真・図形・イラストの挿入で困った！

付録 キーボードショートカット

ご注意：ご購入・ご利用の前に必ずお読みください

- 本書に記載された内容は、情報の提供のみを目的としています。したがって、本書を用いた運用は、必ずお客様自身の責任と判断によって行ってください。これらの情報の運用の結果について、技術評論社および著者はいかなる責任も負いません。
- ソフトウェアに関する記述は、特に断りのないかぎり、2020年4月末日現在での最新バージョンをもとにしています。ソフトウェアはバージョンアップされる場合があり、本書での説明とは機能内容や画面図などが異なってしまうこともあり得ます。あらかじめご了承ください。
- インターネットの情報については、URLや画面等が変更されている可能性があります。ご注意ください。

以上の注意事項をご承諾いただいた上で、本書をご利用願います。これらの注意事項をお読みいただかずに、お問い合わせいただいても、技術評論社は対処しかねます。あらかじめ、ご承知おきください。

PART 1

Wordの基本で困った!

困った度

Question 01 Wordのバージョンを確認したい

Answer Wordの改良・改訂の段階を表すために付けられた番号です。アカウント画面で確認できます。

Wordのバージョン

Wordをはじめとする各ソフトウェアでは、製品が発売されたあとでも、性能向上や不具合の修正などを目的として、改良や改訂が加えられます。「バージョン」とは、改良・改訂の段階を表すもので、一般的にソフトウェア名の後ろに数字で表記され、新しいバージョンほど数値が大きくなります。Windows版のWordは、2003→2007→2010→2013→2016とバージョンアップしており、2020年4月現在で発売されている最新バージョンはWord 2019です。
なお、バージョンによって利用できる機能が異なるので、新しいバージョンで作成した文書ファイルを古いバージョンで利用する際には注意が必要です。

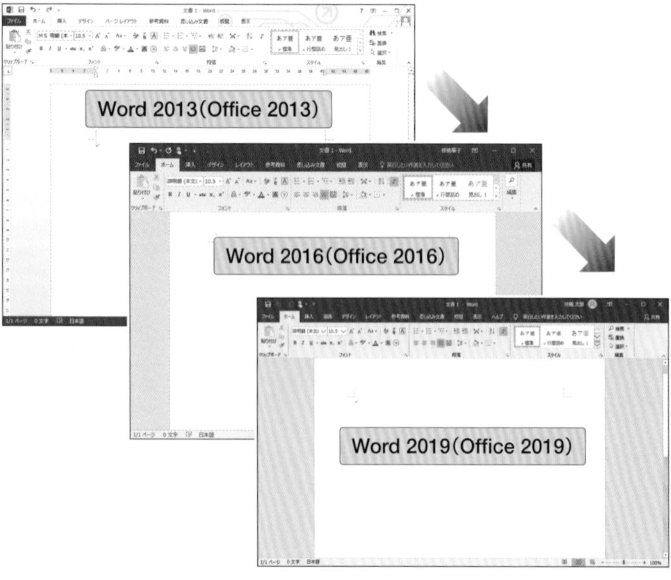

対応バージョン 2019 2016 2013 365

バージョンを確認する

Officeの更新プログラム

更新プログラムは、自動的にインストールされます。<更新オプション>をクリックすると、<今すぐ更新>や<更新を無効にする>などのオプションを選択できます。ただし、必要がない限り、変更はしません。

困った度

Question 02

Microsoft 365との違いを知りたい

Answer Office 2019は永続ライセンスで、Microsoft 365は継続的に機能が更新されます。

Microsoft 365の画面

Office 2019とMicrosoft 365の違い

Office 2019とMicrosoft 365では、タブの色や一部のアイコンが異なるだけで、コマンドなど操作上の違いはほとんどありません。大きな違いは、購入・契約方法と機能の更新にあります。以下の表を参照してください。

項　目	Office 2019	Microsoft 365 Personal
費　用	1回の支払い（32,784～38,284円）	毎月（1,284円）、または一括年払い（12,984円）
Officeアプリ	Word、Excel、PowerPoint、Outlookなど	Word、Excel、PowerPoint、Outlook（Windows PCにはAccessとPublisher）などの最新版と更新プログラム等
機能の更新	セキュリティ更新プログラムのみ（アップグレードなし）	更新されるOfficeのすべての機能
利用環境	Windows PCまたはMac（最大2台）	すべてのデバイス（同時に5台まで）
追加のサービス	含まれない	1TBのOneDrive、Skype

対応バージョン 2019 2016 2013 365

Question 03

画面を拡大／縮小して表示したい

Answer 画面右下のズームスライダーや＜ズーム＞画面で拡大／縮小できます。

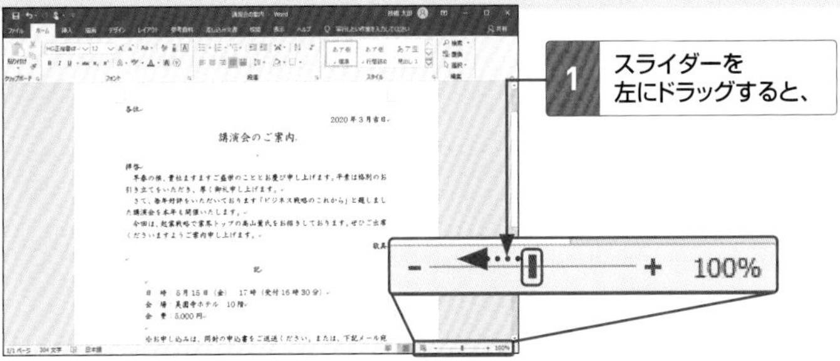

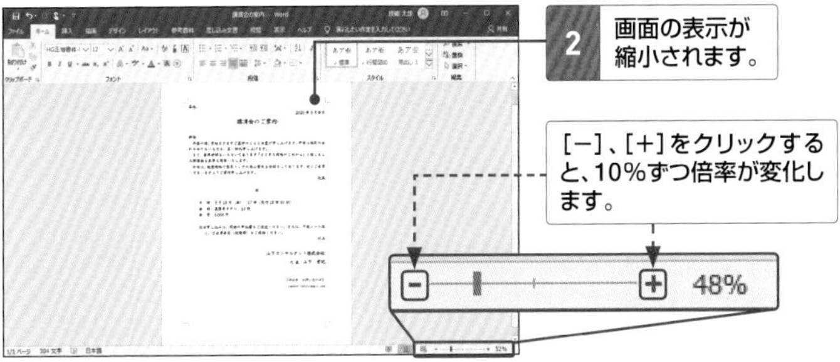

参考 ＜ズーム＞を利用する

＜表示＞タブの＜ズーム＞をクリックすると、＜ズーム＞画面が表示されます。ここで、倍率を指定できます。

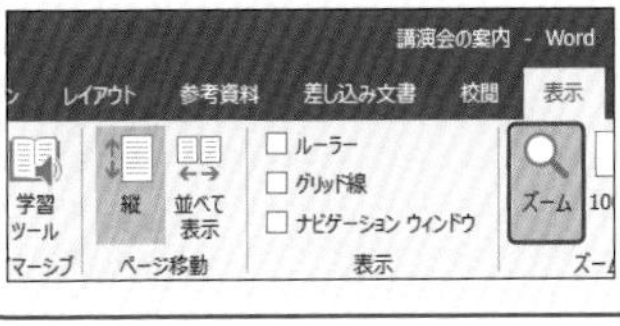

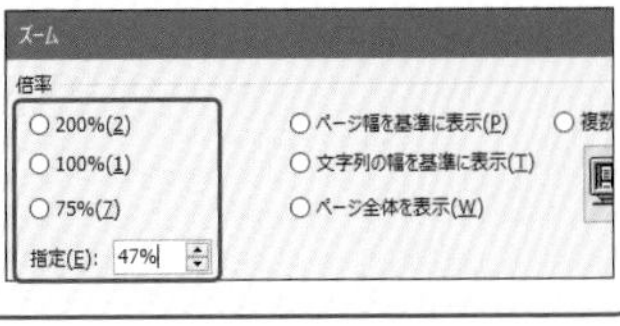

困った度

Question 04

2ページ分並んで表示されてしまう

Answer 複数ページの文書で縮小率を小さくしたためです。1ページ単位で表示できます。

1 <表示>タブをクリックして、

2 <1ページ>をクリックします。

「参考」参照

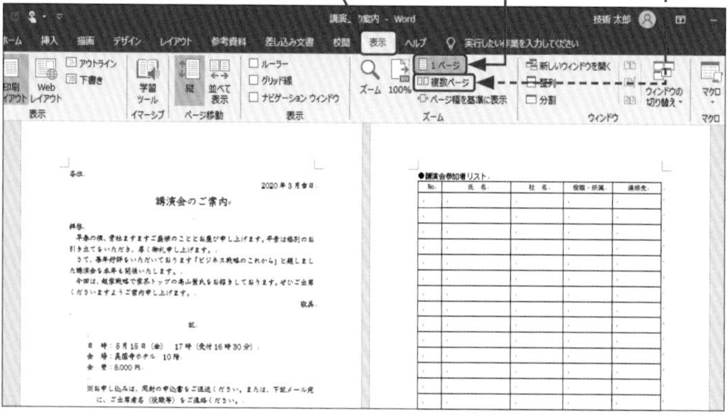

3 同じ倍率のまま、1ページ単位で表示（1ページ表示）されます。

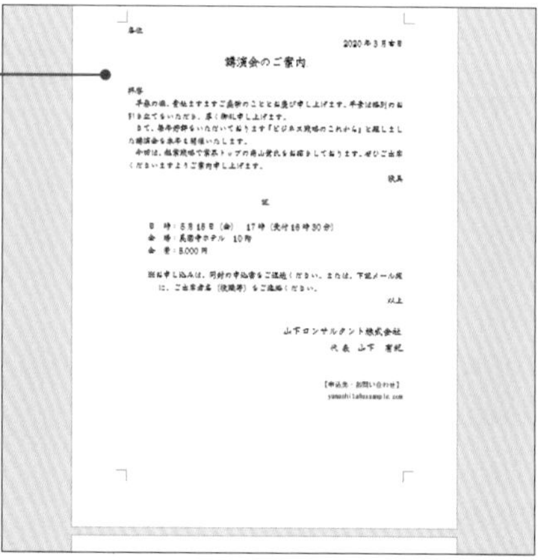

参考 複数ページの表示

複数ページの文書の場合、<表示>タブの<複数ページ>をクリックすると、複数ページ単位で表示されます。

対応バージョン 2019 2016 2013 365

困った度

Question 05

表示するウィンドウをすばやく切り替えたい

Answer ＜ウィンドウの切り替え＞で開きたい文書を指定します。

複数の文書を開いています。

1 ＜表示＞タブをクリックして、

2 ＜ウィンドウの切り替え＞をクリックし、

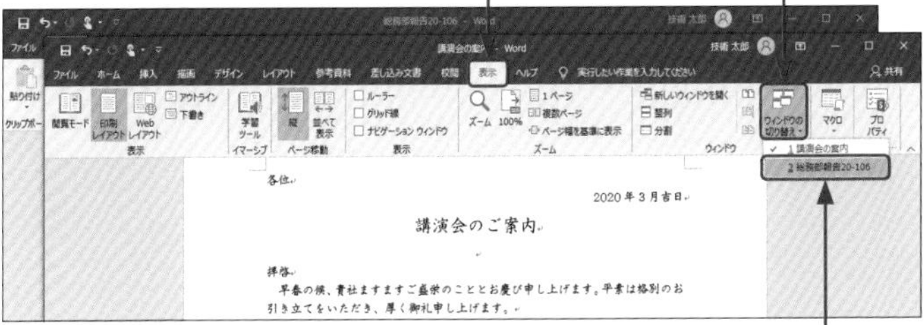

3 切り替えたい文書をクリックします。

4 文書が切り替わります。

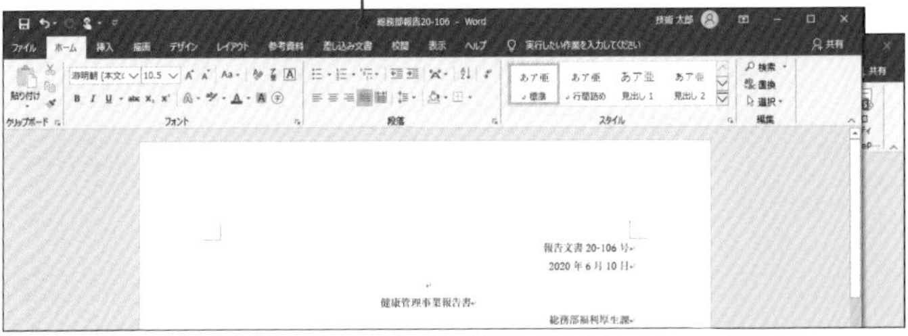

参考 タスクバーでの切り替え

Wordのアイコンにマウスポインターを合わせると、開いている文書が小さく表示されます（サムネイル表示）。文書をクリックすると切り替わります。

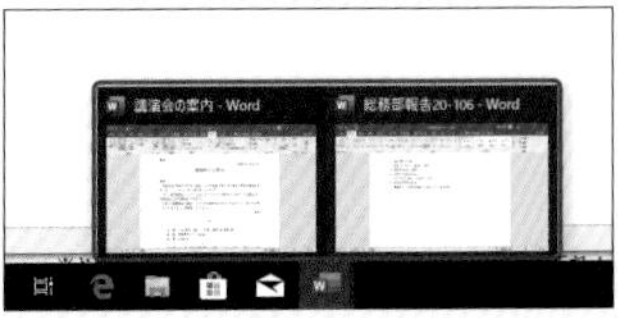

困った度

Question 06

画面の表示が変わってしまった

Answer ほかの表示モードをクリックしたために、表示が変わりました。＜印刷レイアウト＞をクリックします。

ここでは、＜閲覧モード＞をもとの表示に戻します。

1 画面右下の＜印刷レイアウト＞をクリックすると、

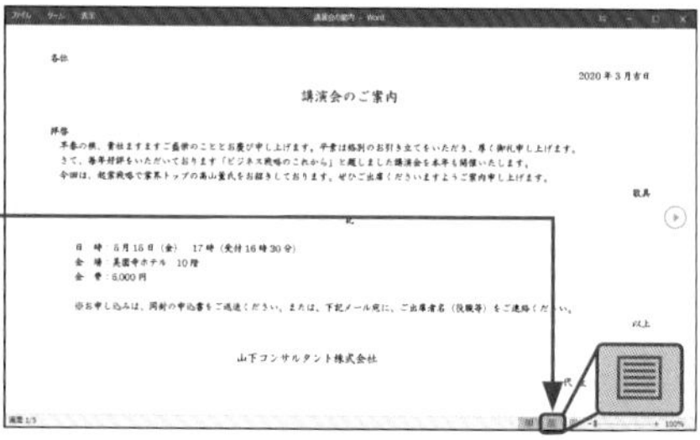

2 通常の表示（印刷レイアウト）になります。

「参考」参照

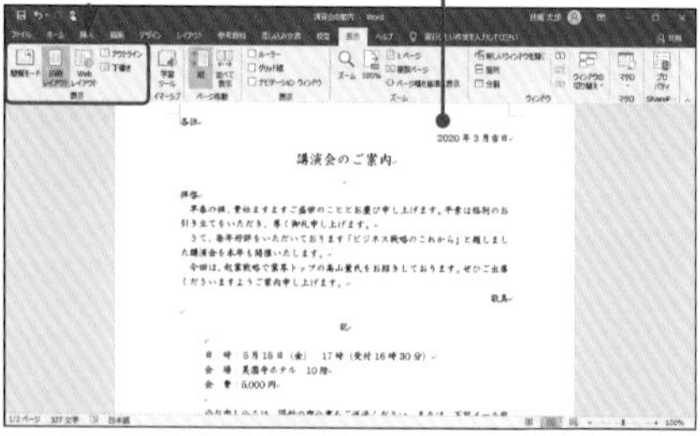

メモ 閲覧モードでの切り替え方法

＜表示＞をクリックして、＜文書の編集＞をクリックしても＜印刷レイアウト＞に切り替わります。

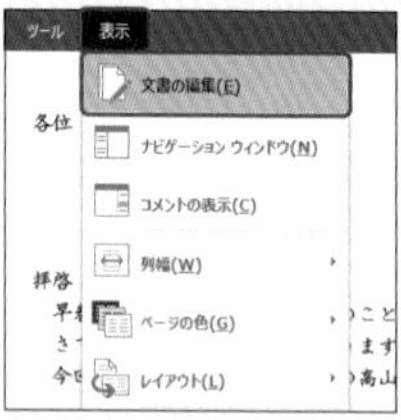

参考 表示モードの切り替え

表示モードには、＜印刷レイアウト＞＜閲覧モード＞＜Webレイアウト＞＜アウトライン＞＜下書き＞の5つがあります。＜表示＞タブの＜表示＞グループのコマンドや、画面右下の＜閲覧モード＞、＜印刷レイアウト＞、＜Webレイアウト＞をクリックすると切り替えできます。

対応バージョン 2019 2016 2013 365

困った度 ●●●○○

Question 07

使いたいボタンが見つからない

Answer 画面サイズによって、
リボン内のコマンドボタンの表示が変わります。

この画面では、<ホーム>タブの<検索>が見つかりません。

1 <最大化>をクリックすると、

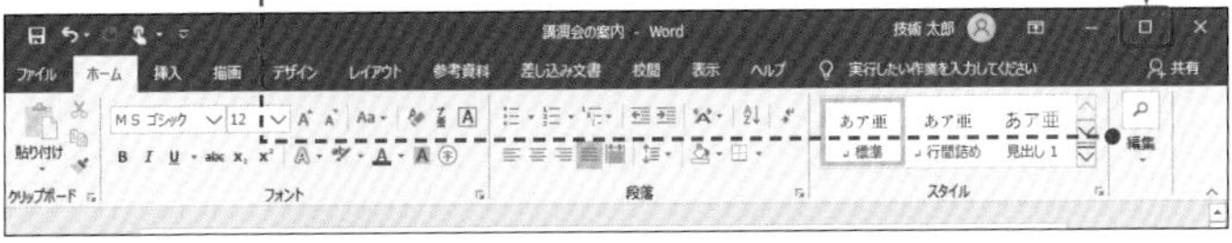

2 ディスプレイいっぱいに画面が広がります。

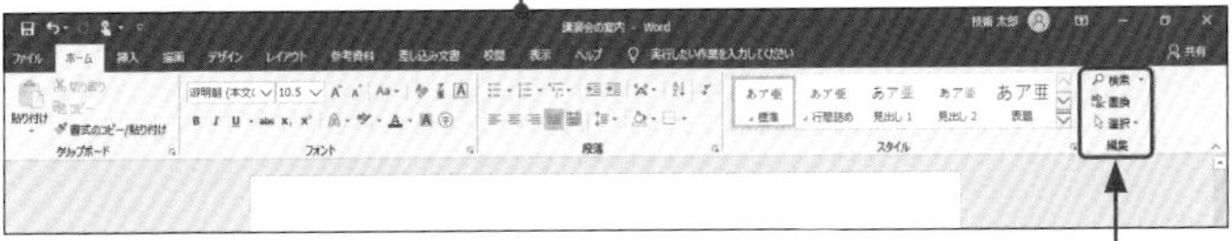

3 <編集>グループにまとめられていた
<検索><置換><選択>が表示されるようになります。

メモ ボタンの表示

リボン内のボタンは、画面のサイズが小さいとグループにまとめられて表示され、大きくするとグループ内のボタンを表示できます。なお、画面のサイズを変更するには、画面の四隅にマウスポインターを合わせて、⤡に変化したら、ドラッグします。

参考 グループ内のコマンドを選択する

<編集>のように右や下に▼が表示されている場合は、クリックするとそのグループに含まれるコマンドを選択できます。その際、ボタンと▼が一体になっているものと、ボタンと▼を別々にクリックするものがあるので確認して利用しましょう。

<編集>を
クリックします。

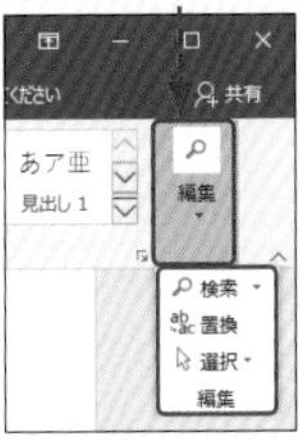

Question 08

困った度

リボンが消えてしまった

Answer タブをダブルクリックするか、<リボンの表示オプション>で変更します。

タブをダブルクリックする

1 <リボンを折りたたむ>をクリックすると、

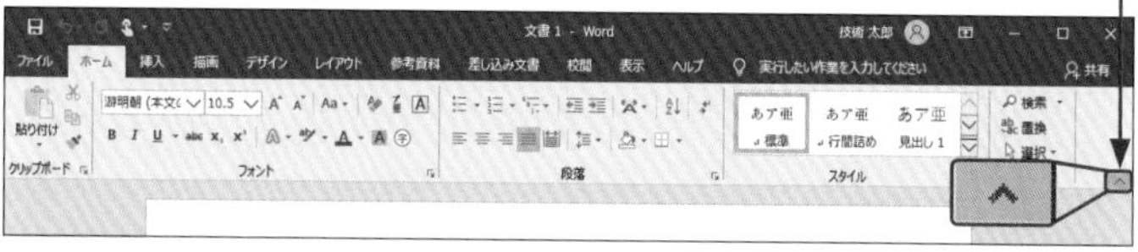

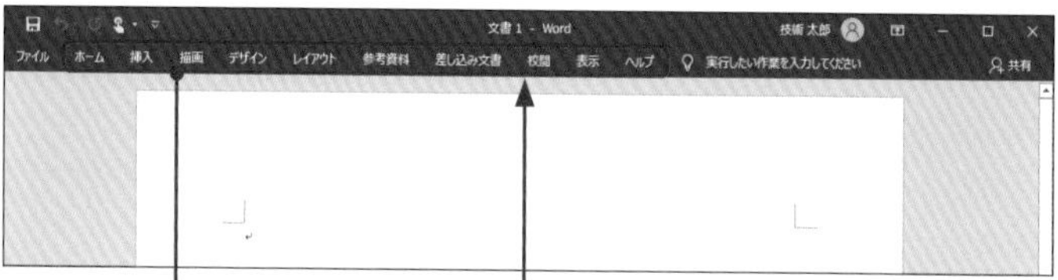

2 リボンが非表示になります。

3 <ファイル>タブ以外のタブをダブルクリックするともとに戻ります。

メモ リボンの固定

手順 **3** でタブをクリックすると、一時的にリボンが表示されます。操作が終われば非表示に戻ります。右端の<リボンの固定> をクリックすると、リボンの表示が固定されるようになります。

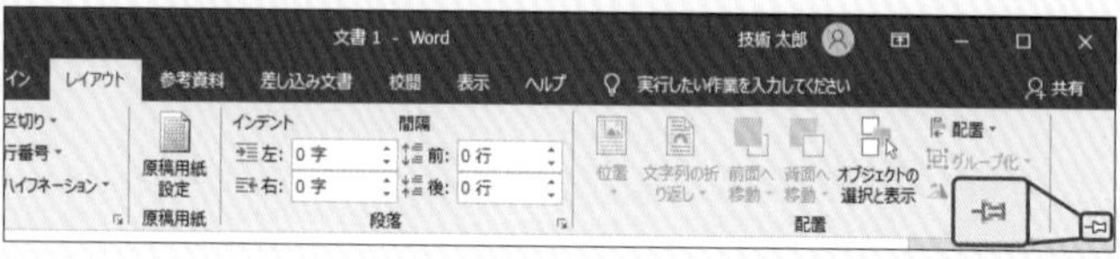

対応バージョン 2019 2016 2013 365

＜リボンの表示オプション＞を利用する

1 ＜リボンの表示オプション＞をクリックします。

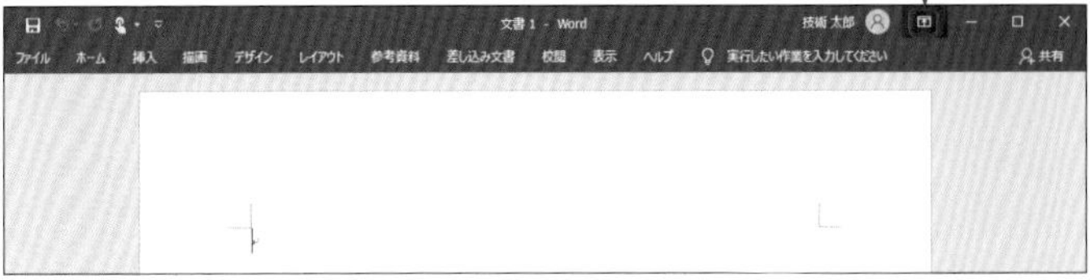

2 ＜タブとコマンドの表示＞をクリックします。

3 リボンが表示されます。

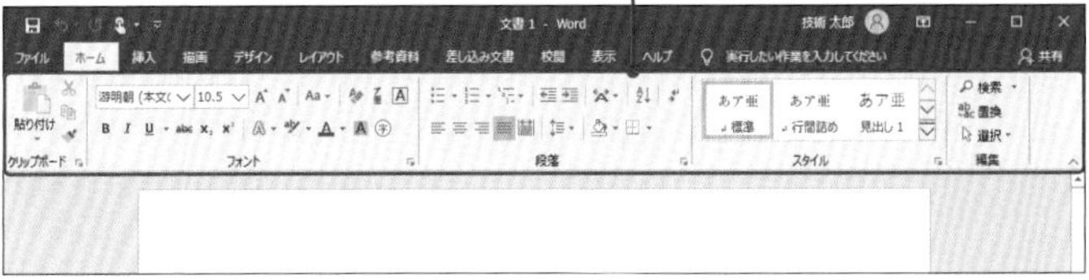

メモ リボンの非表示

リボンを非表示にするには、＜リボンを折りたたむ＞をクリックする(P.26参照)、＜リボンの表示オプション＞の＜タブの表示＞をクリックする、タブを右クリックして＜リボンを折りたたむ＞をクリックする方法があります。

参考 リボンを自動的に非表示にする

上記の手順**2**で＜リボンを自動的に非表示にする＞をクリックすると、タブやリボンが非表示の全画面表示になります。コマンドを使わず、入力するだけの場合や、レイアウトを確認したい場合など、編集画面を広く使いたいときに便利です。

困った度

Question 09

よく利用する機能をすぐに使えるようにしたい

Answer クイックアクセスツールバーに追加して、いつでも使えるようにします。

ここでは、<クイック印刷>を追加します。

1 <クイックアクセスツールバーのユーザー設定>をクリックして、

2 <クイック印刷>をクリックすると、

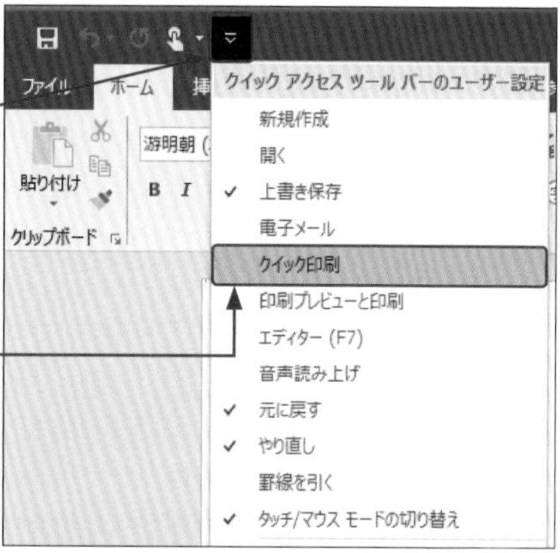

3 アイコンが追加されるので、クリックすればいつでも使えます。

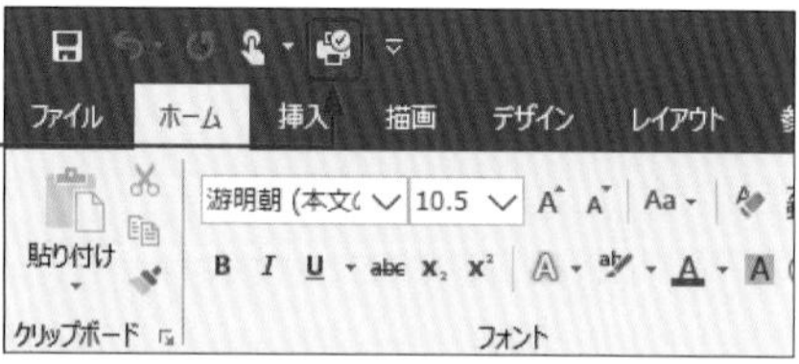

メモ クイックアクセスツールバーのアイコンを削除する

アイコンを右クリックして、<クイックアクセスツールバーから削除>をクリックすると、クイックアクセスツールバーから削除できます。

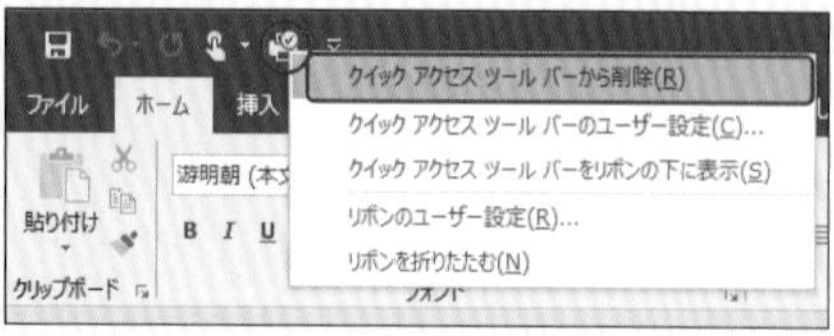

対応バージョン 2019 2016 2013 365

困った度

Question 10 直前の操作を取り消したい

Answer Ctrl＋Z を押します。あるいは、クイックアクセスツールバーの＜元に戻す＞をクリックします。

1 「報告書」を削除しました。

2 Ctrl＋Z を押すと、

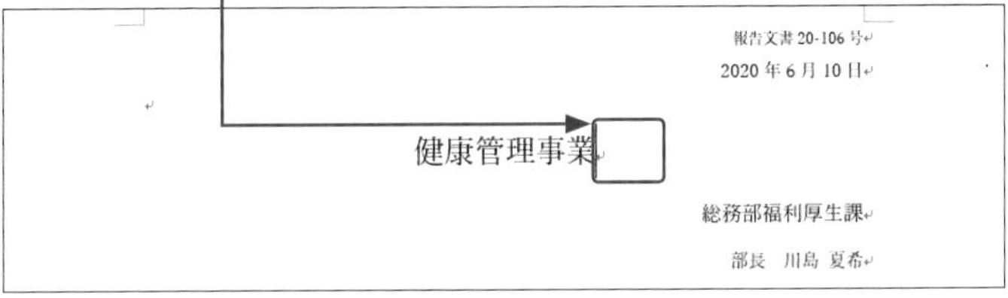

3 削除した文字列がもとに戻ります。

4 Ctrl＋Z を2回押すと、2文字戻ります。

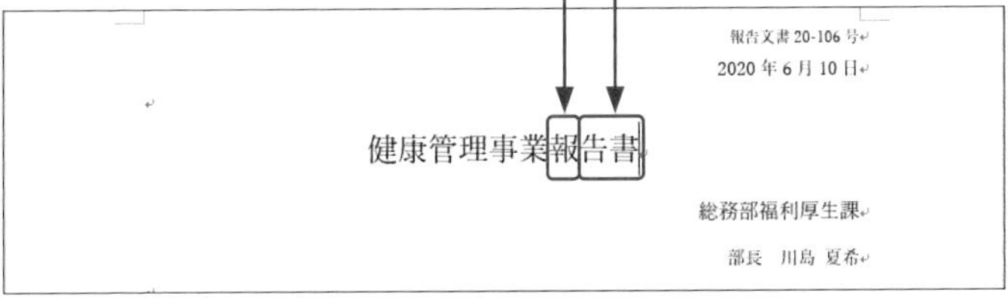

メモ そのほかの操作を取り戻す方法

クイックアクセスツールバーの＜元に戻す＞ をクリックしても、直前の操作を取り消せます。また、＜元に戻す＞の右側の をクリックすると、操作の履歴が表示されます。戻したい個所までドラッグすると、その状態まで操作を戻すことができます。

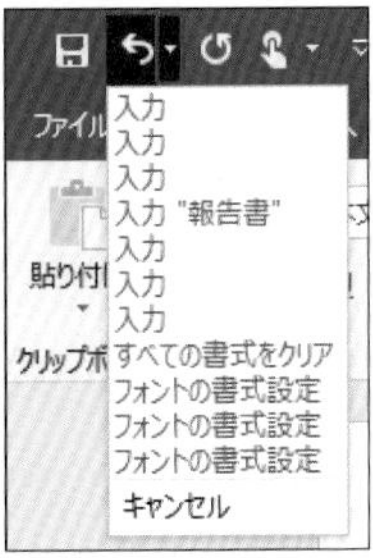

困った度

Question 11

同じ操作を繰り返したい

Answer F4を押します。あるいは、クイックアクセスツールバーの＜繰り返し＞をクリックします。

1 文字（ここでは「*-*-」）を入力します。

2 F4を押すと、

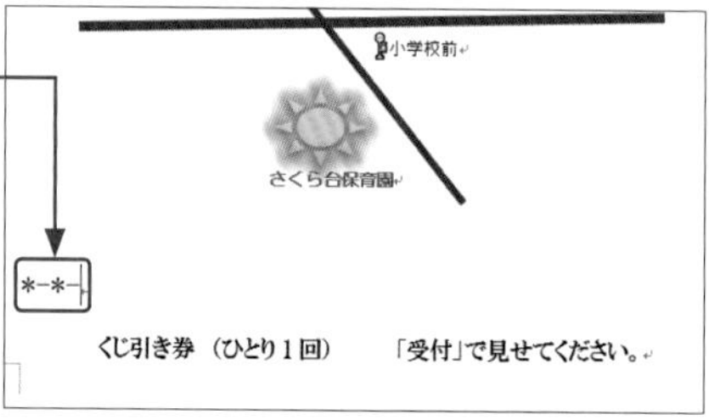

3 同じ文字が繰り返して入力されます。

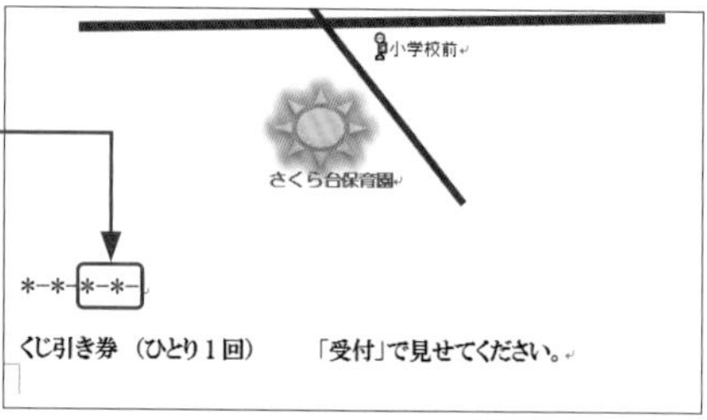

4 さらにF4を押すと、

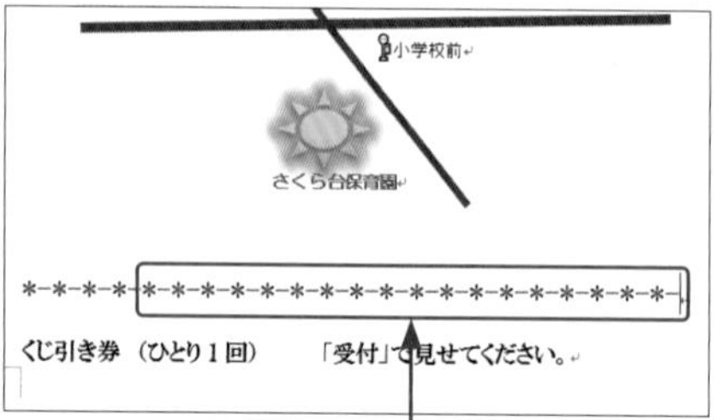

5 押した回数分の文字が入力されます。

メモ そのほかの方法

クイックアクセスツールバーの＜繰り返し＞をクリックしても、繰り返し入力できます。

メモ 繰り返しの操作

ここでは文字を入力しましたが、Deleteを押して文字を削除したり、書式を変更したりしても、F4を押すと同じ操作を繰り返すことが可能です。

対応バージョン 2019 2016 2013 365

困った度 ●●●○○

Question 12

Word文書の保存先を変更したい

Answer ＜Wordのオプション＞画面で既定のローカルファイルの保存場所を指定します。

1 ＜ファイル＞タブの＜オプション＞をクリックして、＜Wordのオプション＞画面を表示します。

2 ＜保存＞をクリックして、

3 ＜既定のローカルファイルの保存場所＞の＜参照＞をクリックします。

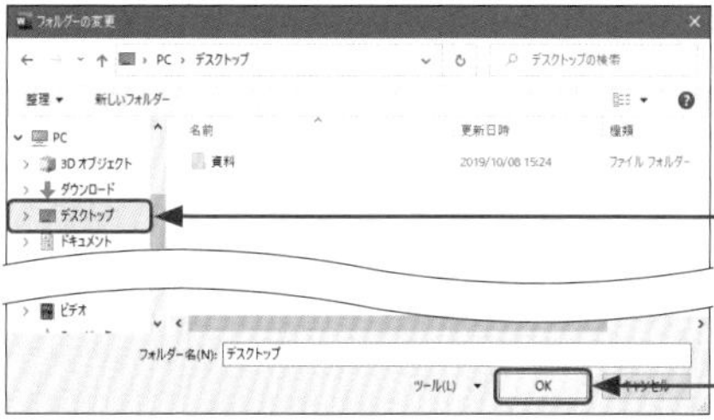

4 保存場所を指定して（ここでは＜デスクトップ＞）、

5 ＜OK＞をクリックします。

保存場所が変更されます。

6 ＜OK＞をクリックします。

困った度

Question 13

Word文書の保存先がわからなくなってしまった

Answer OneDriveに保存される場合があります。保存先はパソコン内のフォルダーを選択します。

1 <ファイル>タブをクリックして、<名前を付けて保存>をクリックします。

保存先を指定しないと、ここが優先になります。

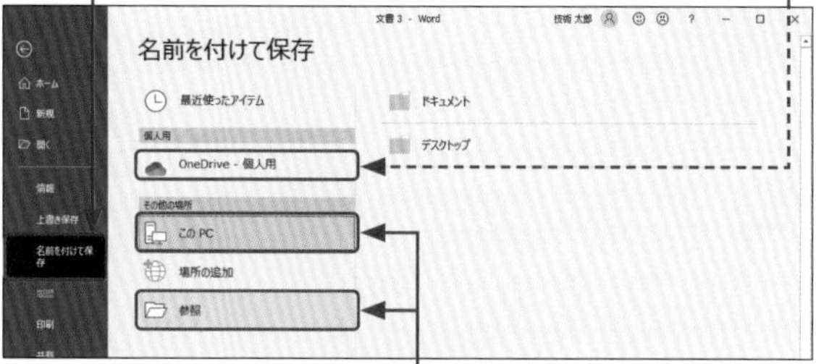

2 <このPC>（または<コンピューター>）→<参照>をクリックします。

3 <ドキュメント>を指定してファイルを保存します。

「参考」参照

メモ 保存先の確認

ファイルを保存する際に、<このPC>（または<コンピューター>）を指定しないと、OneDrive上に保存されてしまう場合があります。

参考 ファイルを検索する

ファイルが見つからない場合は、<ファイルを開く>や<名前を付けて保存>ダイアログボックスの<ドキュメントの検索>ボックスにファイル名（文字の一部）を入力して検索します。

対応バージョン 2019 2016 2013 365

困った度

Question 14

Word文書をPDF形式で保存したい

Answer ファイルを保存する際に、ファイルの種類を「PDF」にします。

1 P.32を参考にして、＜名前を付けて保存＞ダイアログボックスを表示します。

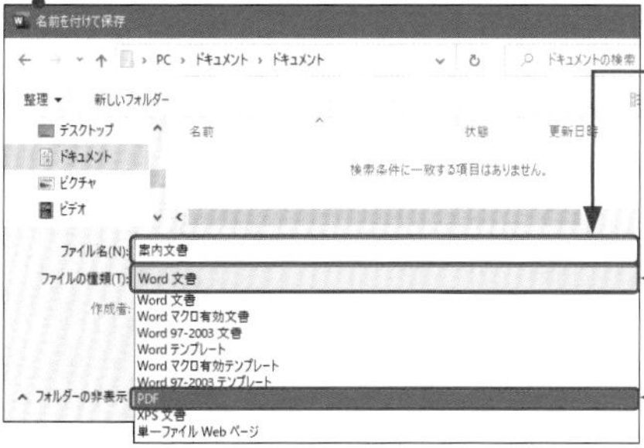

2 ファイルの保存先を指定して、ファイル名を入力します。

3 ＜ファイルの種類＞をクリックして、

4 ＜PDF＞をクリックします。

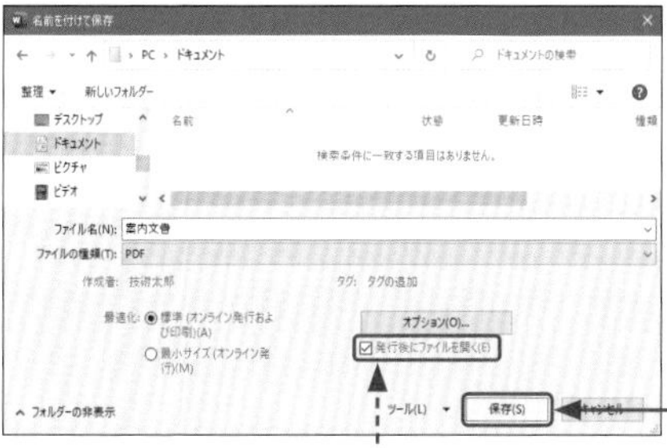

「メモ」参照

5 ＜保存＞をクリックします。

メモ 発行後にファイルを開く

＜発行後にファイルを開く＞をクリックしてオンにすると、保存後にPDFファイルが開きます。

参考 エクスポートする

＜ファイル＞タブの＜エクスポート＞をクリックして、＜PDF/XPSドキュメントの作成＞→＜PDF/XPSの作成＞をクリックしてもPDFを作成できます。

困った度 😖😖😖

Question 15

Word文書から個人情報を削除したい

Answer ドキュメントの検査を行います。
また、ファイルのプロパティでも削除できます。

<ドキュメント検査>を利用する

1 文書を開き、<ファイル>タブの<情報>をクリックします。

ここに個人情報が表示されています。

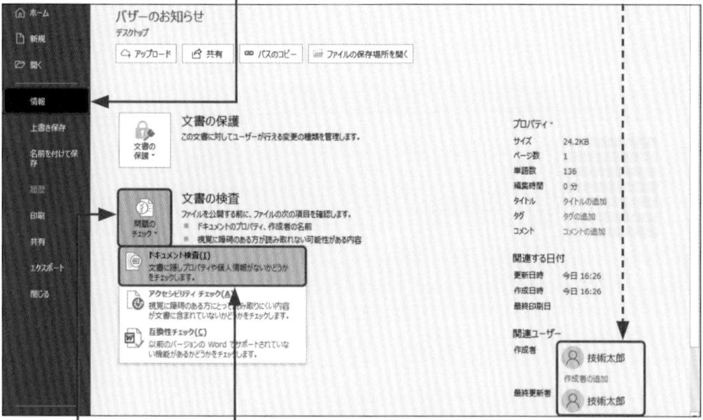

2 <問題のチェック>をクリックして、

3 <ドキュメント検査>をクリックします。

4 <ドキュメントの検査>ダイアログボックスで<検査>をクリックします。

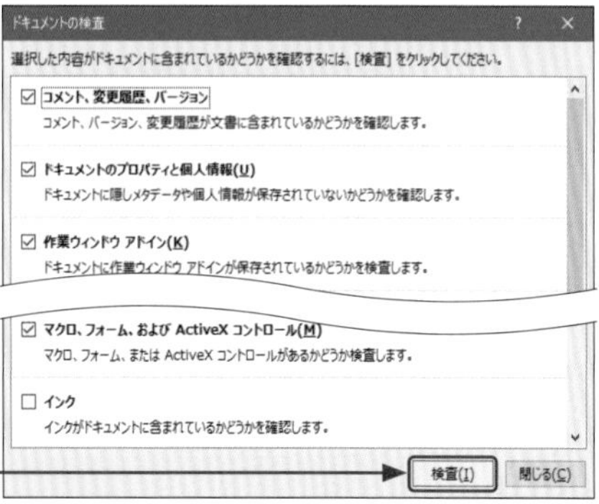

対応バージョン 2019 2016 2013 365

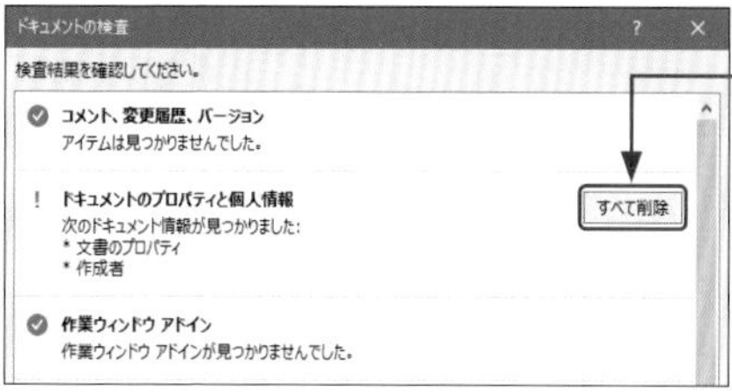

5 個人情報が含まれている場合は、<すべて削除>をクリックします。

6 削除が完了したら、<閉じる>をクリックします。

7 個人情報が削除され、ここに表示されなくなります。

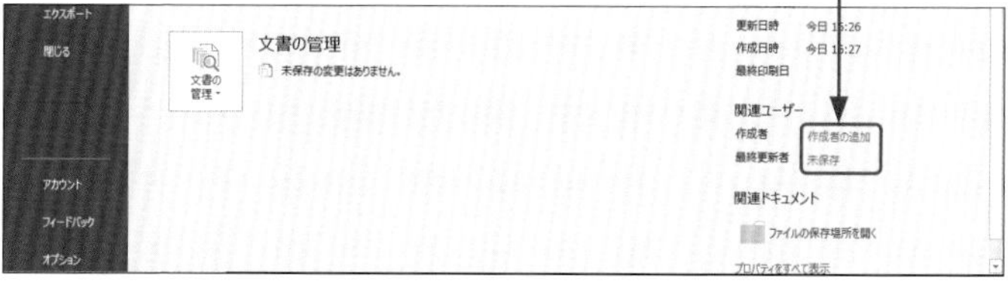

プロパティ画面を利用する

1 <情報>画面の<プロパティ>をクリックして、

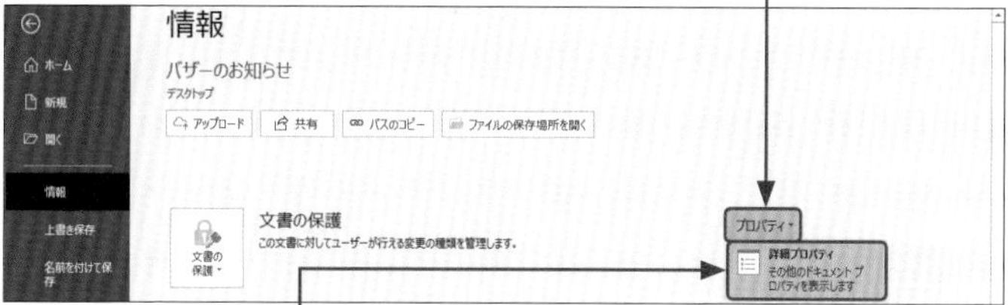

2 <詳細プロパティ>をクリックします。

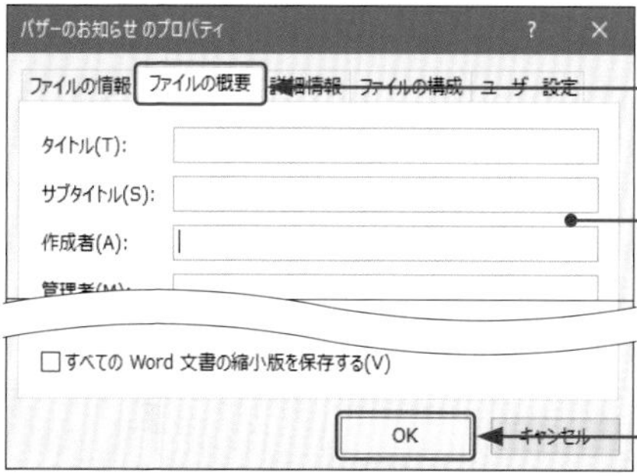

3 <ファイルの概要>タブをクリックして、

4 個人情報をすべて削除し、

5 <OK>をクリックします。

困った度

Question 16

Word文書を他人に開かれないようにしたい

Answer 読み取りや書き込みを勝手に行えないように、パスワードを設定します。

1 P.32を参考にして<名前を付けて保存>ダイアログボックスを表示します。

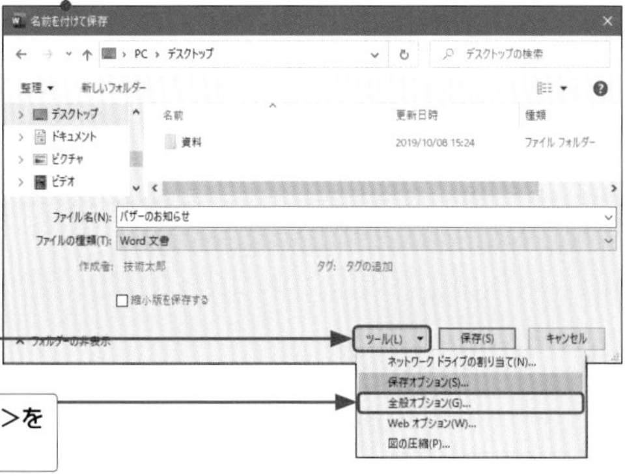

2 <ツール>をクリックして、

3 <全般オプション>をクリックします。

4 <読み取りパスワード>にパスワードを入力して、

5 <書き込みパスワード>にパスワードを入力して、

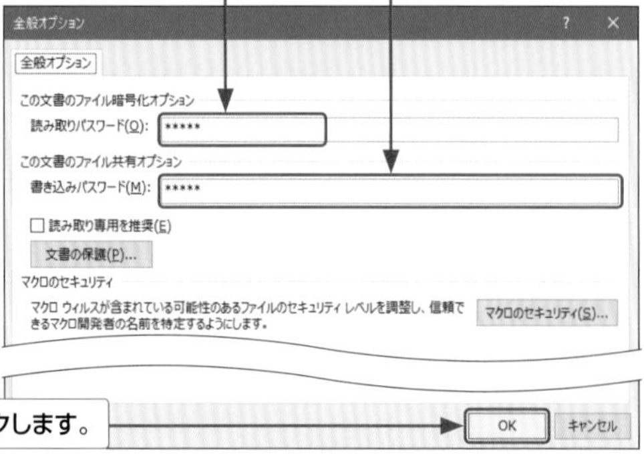

6 <OK>をクリックします。

対応バージョン 2019 2016 2013 365

7 確認用画面で再度読み取りパスワードを入力して、

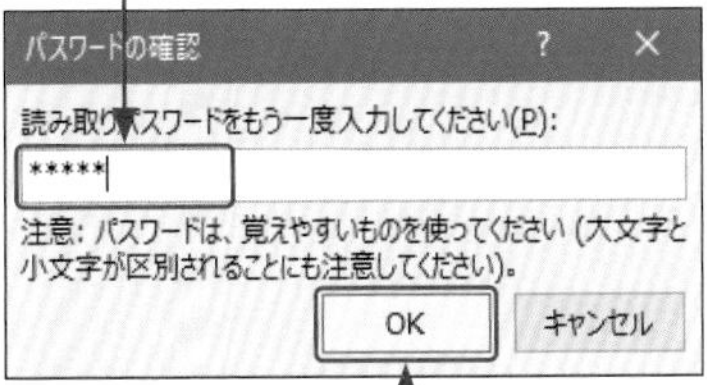

8 <OK>をクリックします。

9 同様に、再度
書き込みパスワードを入力して、

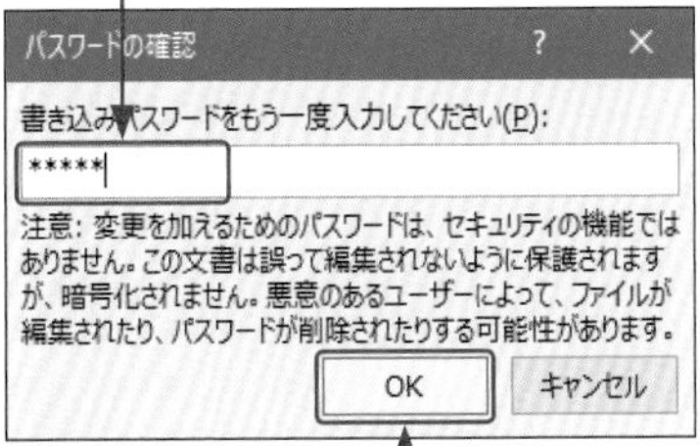

10 <OK>をクリックして、
<名前を付けて保存>ダイアログボックスの
<保存>をクリックします。

メモ 読み取りと書き込みパスワード

パスワードには「読み取り」と「書き込み」の2種類があります。
読み取りパスワードは文書を開くためのもの、書き込みパスワードは文書に書き込む(編集する)ためのものです。
開かれないようにするには読み取りパスワードだけでもかまいませんが、両方設定しておいたほうが安全です。

メモ パスワードの解除

パスワードを解除するには、P.36の手順1～3を実行して、手順4、5のパスワードを削除し、<OK>をクリックします。

参考 パスワードが設定された文書を開く

パスワードが設定された文書を開くには、<ファイルを開く>ダイアログボックスで目的のファイルを選択して、<開く>をクリックします。パスワードを入力する画面が表示されるので、P.36の手順4、5で設定したパスワードを入力します。最初の画面では読み取りパスワードを入力して<OK>をクリックし、次の画面で書き込みパスワードを入力して<OK>をクリックすると、文書が開きます。

読み取りパスワードを入力します。

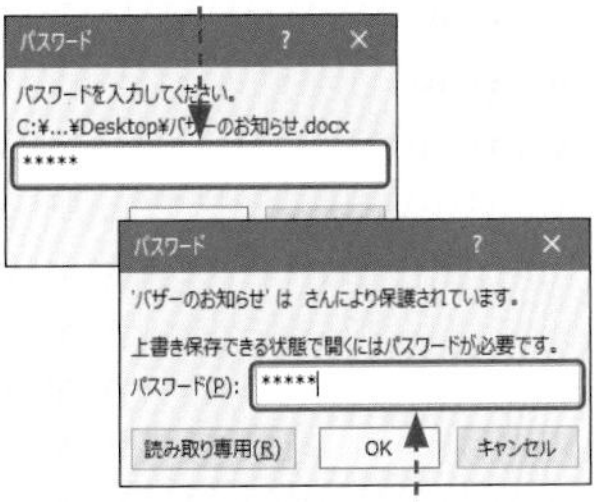

書き込みパスワードを入力します。

困った度

Question 17

印刷前にイメージを確認したい

Answer ＜ファイル＞タブの＜印刷＞で印刷プレビューが表示されます。

1 印刷する文書を開き、＜ファイル＞タブをクリックします。

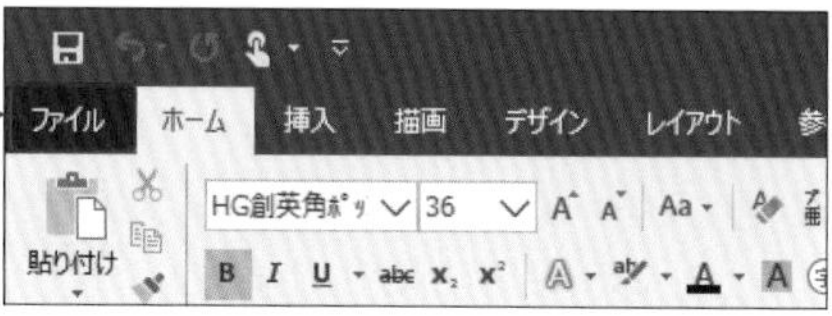

2 ＜印刷＞をクリックすると、

3 印刷プレビューが表示されます。

メモ 印刷プレビューを活用する

印刷プレビューとは、どのように印刷されるのかを画面で確認する機能です。複数のページがある場合は、プレビューの左下の＜次のページ＞▶をクリックすると、次ページを順に表示します。

対応バージョン 2019 2016 2013 365

困った度

Question 18

ページ範囲や部数を指定して印刷したい

Answer 印刷したいページ、部数を指定します。

1 <ファイル>タブの<印刷>をクリックします。

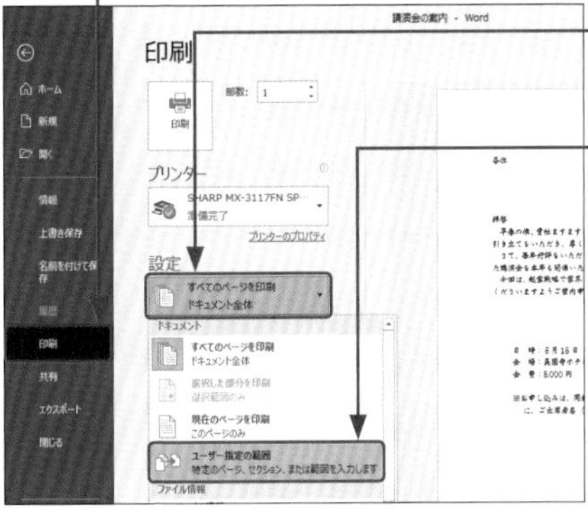

2 ここをクリックして、

3 <ユーザー指定の範囲>をクリックし、

4 印刷したいページの範囲を指定します。

5 <部数>に印刷部数を入力して、

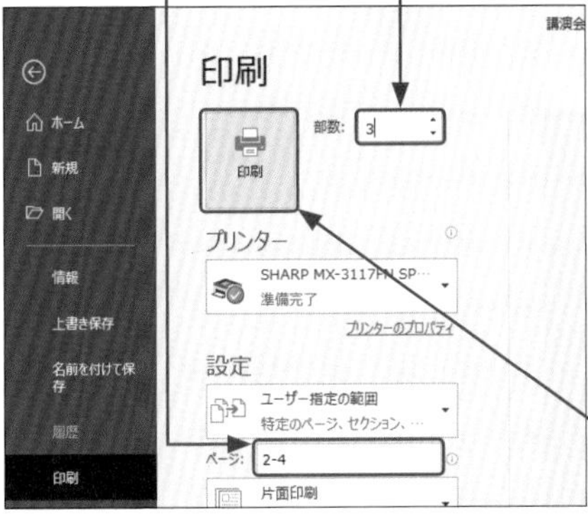

6 <印刷>をクリックすると印刷されます。

参考 そのほかの印刷範囲

手順**3**で<現在のページを印刷>を選択すると、カーソルの置かれているページだけを印刷します。また、文書内の一部の範囲を印刷したい場合は、その範囲をドラッグして選択すると、手順**3**で<選択した範囲>が有効になるのでクリックします。

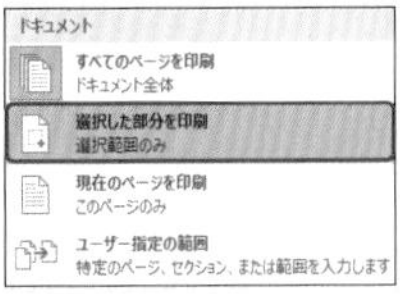

対応バージョン 2019 2016 2013 365

困った度

Question 19 はみ出した行を強制的に収めて印刷したい

Answer <1ページ分縮小>コマンドを使います。
この機能はWordのオプションで追加します。

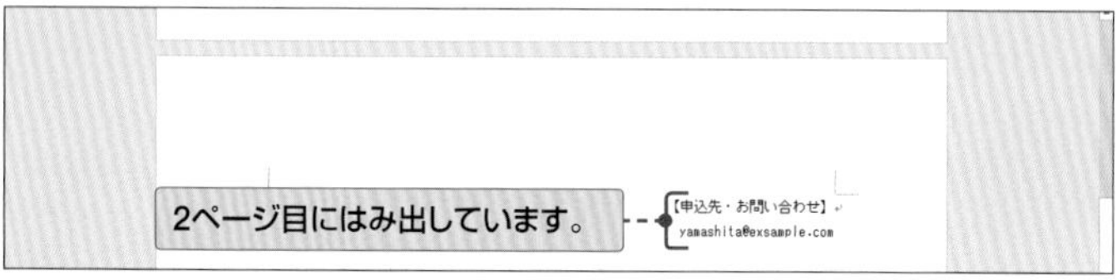

1 <ファイル>タブの<オプション>をクリックして、<Wordのオプション>画面を表示します。

2 <クイックアクセスツールバー>をクリックして、

3 <コマンドの選択>で<[印刷プレビュー]タブ>を指定します。

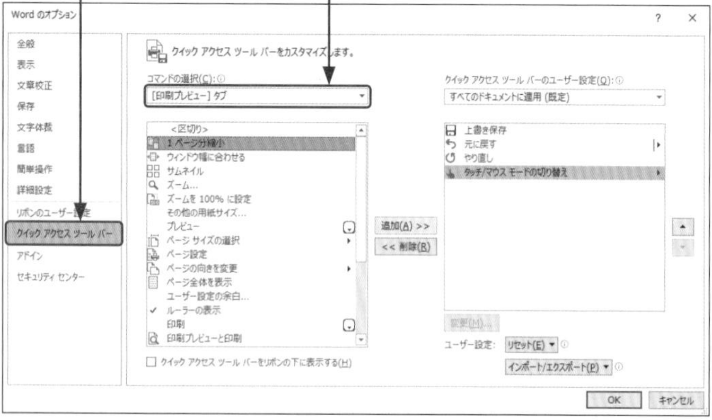

メモ コマンドを追加する

<1ページ分縮小>コマンドなど通常のタブには表示されないものは、この方法で追加します。

対応バージョン 2019 2016 2013 365

4 <1ページ分縮小>をクリックして、

5 <追加>をクリックします。

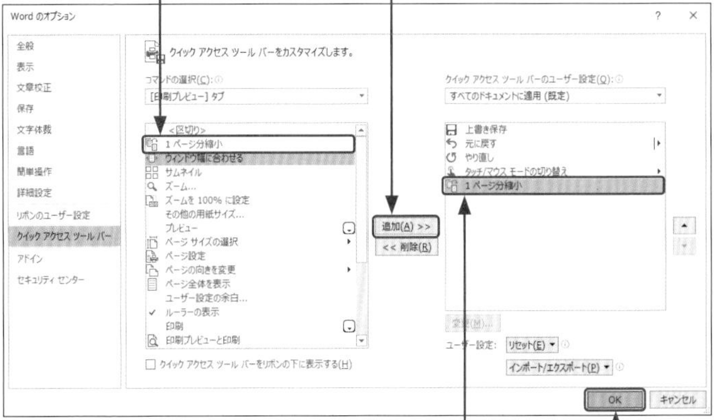

6 コマンドが追加されるので、

7 <OK>をクリックします。

8 <1ページ分縮小>コマンドが登録されるので、クリックします。

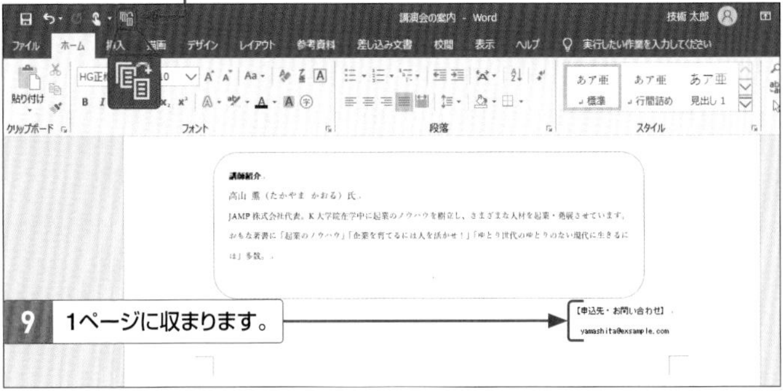

9 1ページに収まります。

参考 1ページ分に収める

<1ページ分縮小>コマンドは強制的に縮小するため、全体のフォントが自動的に小さくなります。通常、1ページに収めるには、1ページあたりの行数（P.101参照）を増やしたり、余白（P.102参照）を狭めたりしてページ設定を変更します。

困った度

Question 20

1枚の用紙に2ページを印刷したい

Answer 印刷状態を＜2ページ／枚＞に指定します。

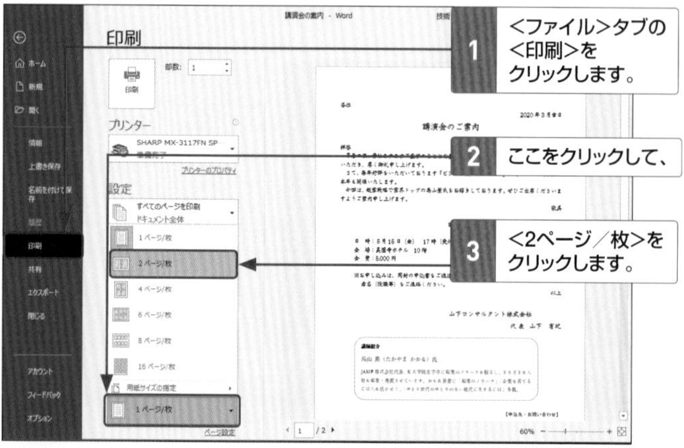

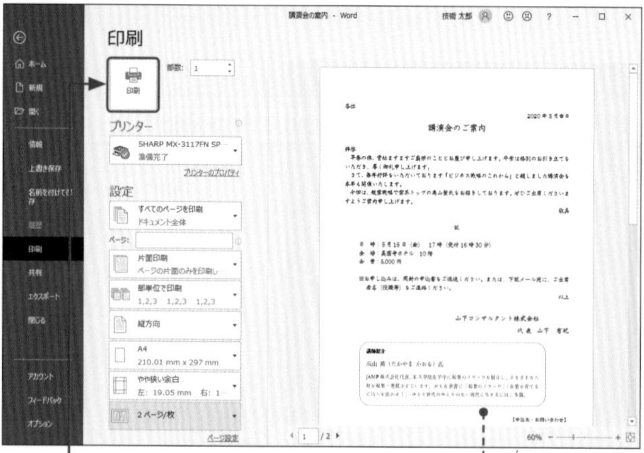

4 ＜印刷＞をクリックします。

プレビューは2ページでは表示されません。

対応バージョン 2019 2016 2013 365

困った度

Question 21

Word文書を開いたら[互換モード]と表示された

Answer 古いバージョンのWordで作成された文書、またはテンプレートなどに表示されます。

[互換モード]と表示されています。

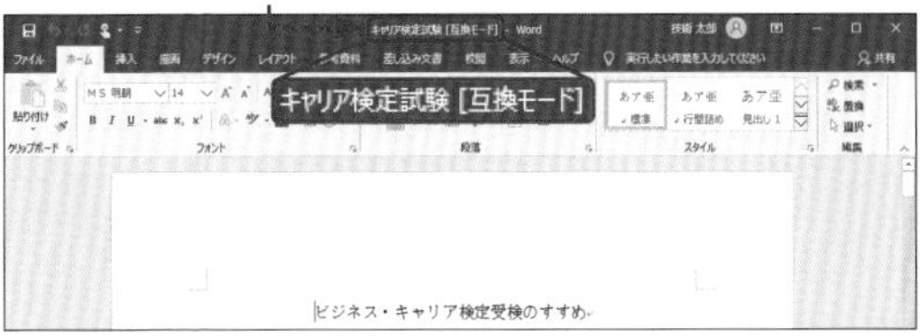

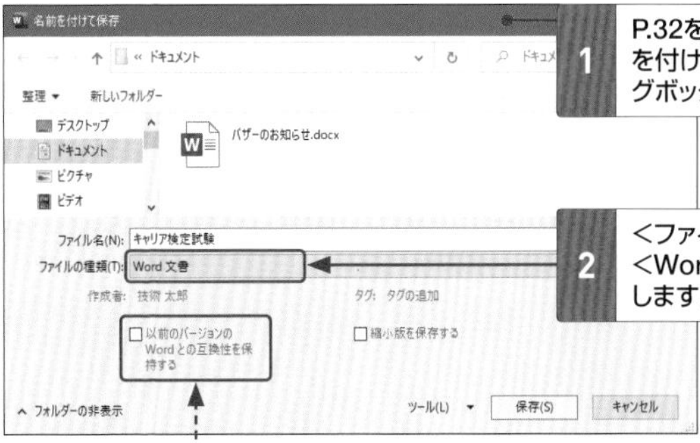

1 P.32を参考にして<名前を付けて保存>ダイアログボックスを表示します。

2 <ファイルの種類>を<Word文書>に変更します。

ここをオンにすると、互換性を保って保存されます([互換モード]は残ります)。

3 [互換モード]の表示が消えました。

困った度

Question 22 Word文書を開いたら(保護ビュー)と表示された

Answer メールやダウンロードなど、ネットワーク経由で受け取ったファイルです。

(保護ビュー)と表示されます。

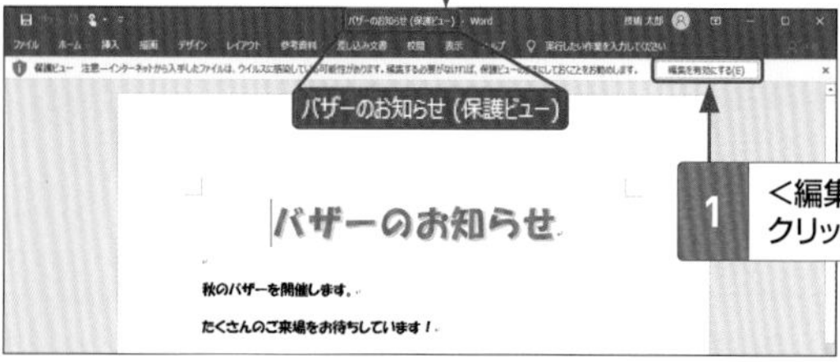
バザーのお知らせ (保護ビュー)
バザーのお知らせ
秋のバザーを開催します。
たくさんのご来場をお待ちしています！

1 ＜編集を有効にする＞をクリックすると、

2 保護ビューが解除されます。

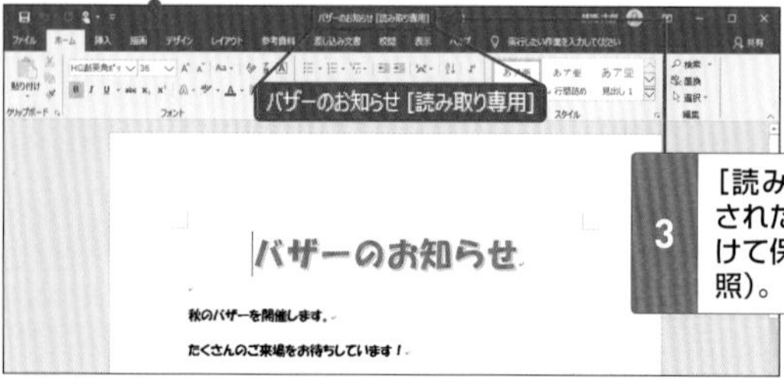
バザーのお知らせ [読み取り専用]
バザーのお知らせ
秋のバザーを開催します。
たくさんのご来場をお待ちしています！

3 [読み取り専用]と表示された場合は、名前を付けて保存します（P.32参照）。

メモ 保護ビュー

メールやインターネット上から受け取ったファイルをセキュリティセンターが安全ではないと判断した場合は、編集するかどうかを確認させるために(保護ビュー)が表示されます。

メモ 読み取り専用

メールやインターネット上から受け取ったり、内容が変更されないように「読み取り専用」が設定されている文書には、[読み取り専用]が表示されます。編集したい場合は、名前を付けて保存してから行います。

対応バージョン 2019 2016 2013 365

PART
2

文字の入力で困った!

Question 01

困った度

キーボードにない記号を入力したい

Answer ＜記号と特殊文字＞から探します。

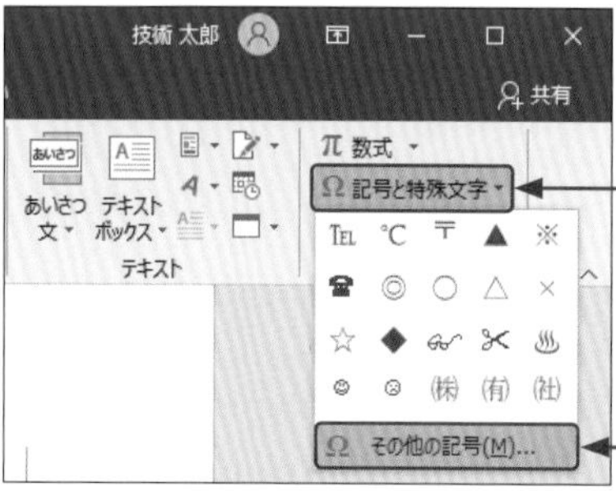

1 ＜挿入＞タブの＜記号と特殊文字＞をクリックして、

2 ＜その他の記号＞をクリックします。

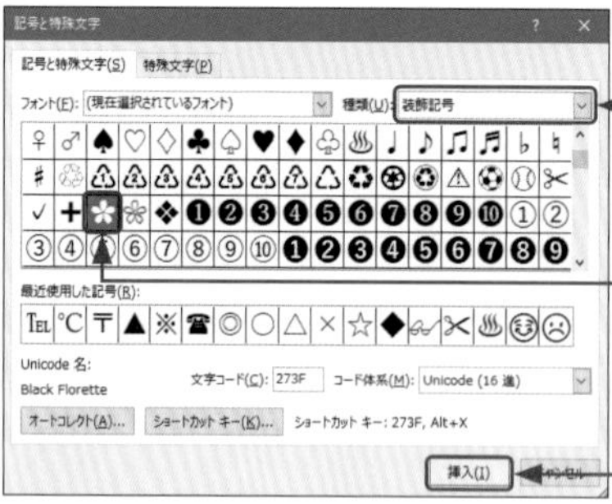

3 ＜種類＞で記号の種類を選びます（フォントによっては＜種類＞が表示されない場合もあります）。

4 目的の記号をクリックして、

5 ＜挿入＞をクリックします。

参考 「きごう」の変換候補

「きごう」と入力して Space を2回押すと、変換候補に記号が表示されます。ここから入力できます。

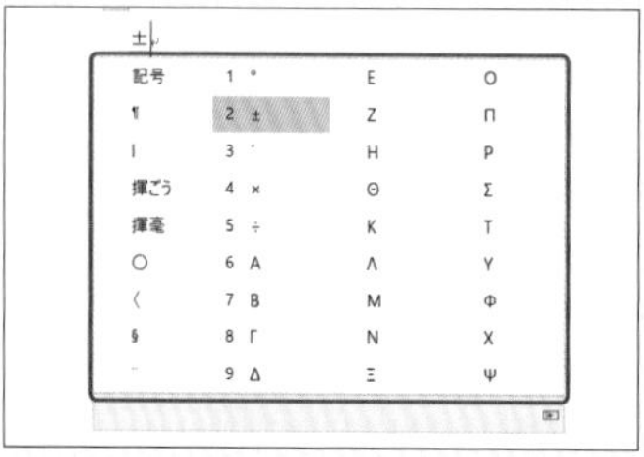

PART 2 文字の入力で困った！

対応バージョン 2019 2016 2013 365

困った度

Question 02

丸で囲んだ㊞や㊝などの文字を入力したい

Answer ＜囲い文字＞を設定します。

1 囲みたい文字を入力し、文字を選択します。

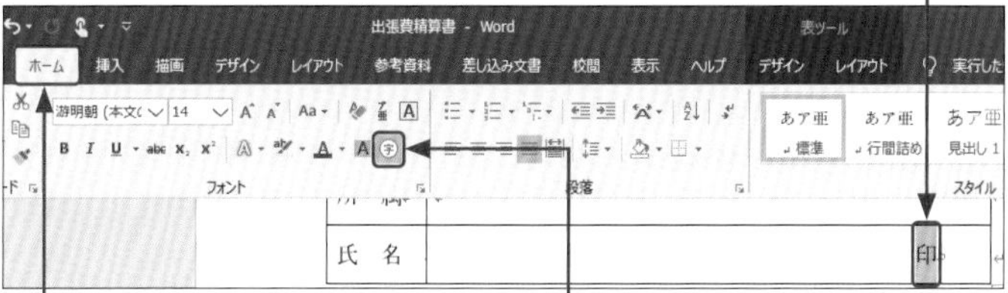

2 ＜ホーム＞タブをクリックして、

3 ＜囲い文字＞をクリックします。

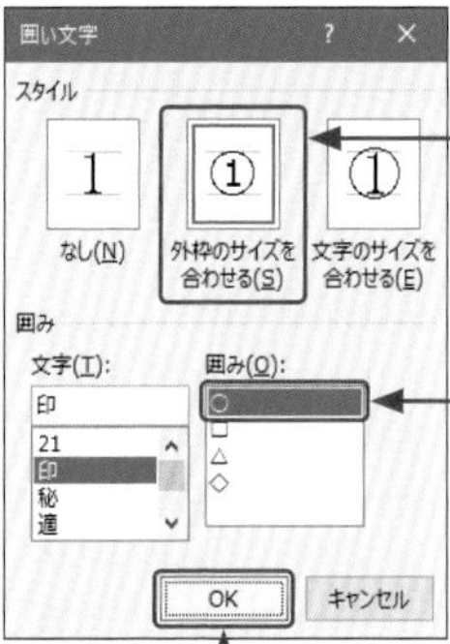

4 スタイルをクリックして、

5 囲む記号をクリックして、

6 ＜OK＞をクリックします。

7 囲み文字が設定されます。

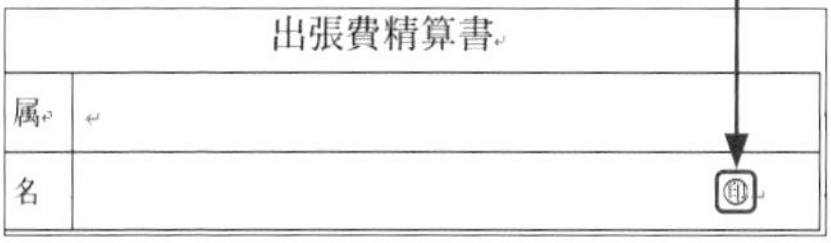

メモ 囲む文字の指定

文字は＜囲い文字＞画面のリストからでも選択できます。また、最初に文字を選択せず、＜文字＞ボックスに直接入力することも可能です。

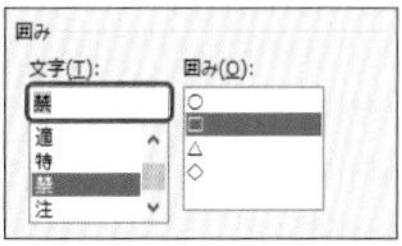

困った度

Question 03

入力した文字に波線が付いてしまう

Answer 文章や表記に誤りがあります。＜Wordのオプション＞画面の＜文章校正＞で例外処理をします。

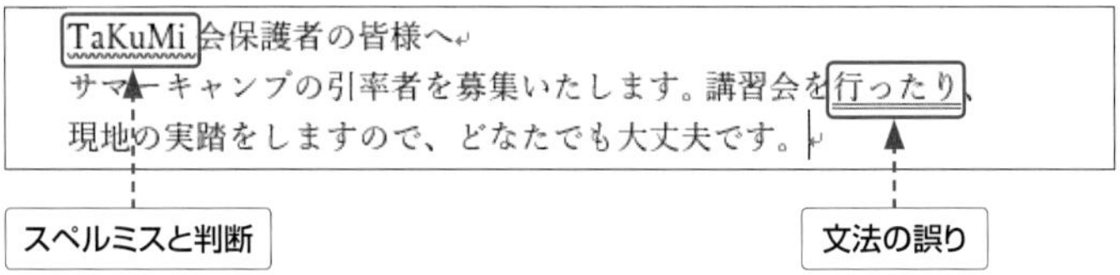

1 ＜ファイル＞タブの＜オプション＞をクリックして、＜Wordのオプション＞画面を表示します。

2 ＜文章校正＞をクリックして、

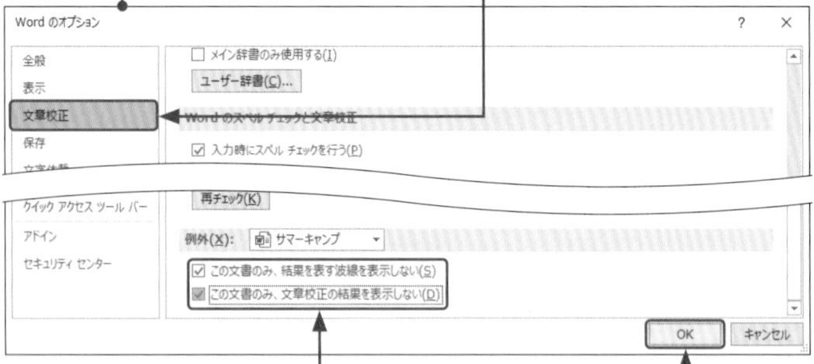

3 ＜この文書のみ、結果を表す波線を表示しない＞と＜この文書のみ、文章校正の結果を表示しない＞をクリックして、オンにします。

4 ＜OK＞をクリックします。

メモ 文章校正チェックの表示

Wordの自動文章校正は、表記ゆれやスペルミスなどを指摘してくれるので、オンにしておいたほうが便利です。スペルミスと判断された用語が正しい場合など、下線の表示が邪魔なときは、手順3のようにに表示をオフにするとよいでしょう。

困った度

Question 04

日本語を入力したいのに英字が入力されてしまう

Answer キーボードの［半角／全角］または［CapsLock］を押して、日本語入力モードにします。

「れいわ」と入力したいのに、「reiwa」と入力されてしまいます。

入力モードが「半角英数字」になっています。

1 ［半角／全角］または［CapsLock］を押します。

2 入力モードが「ひらがな」（日本語入力）に切り替わります。

3 「れいわ」と入力できます。

メモ そのほかの切り替え方法

画面右下の入力モード［あ］／［A］をクリックすることでも、「ひらがな」と「半角英数字」を切り替えることができます。

困った度

Question 05

英字が常に大文字で入力されてしまう

Answer Shift＋CapsLockを押して、キーロックを解除します。

「tomorrow」と小文字で入力したいのに、「TOMORROW」と大文字で入力されます。

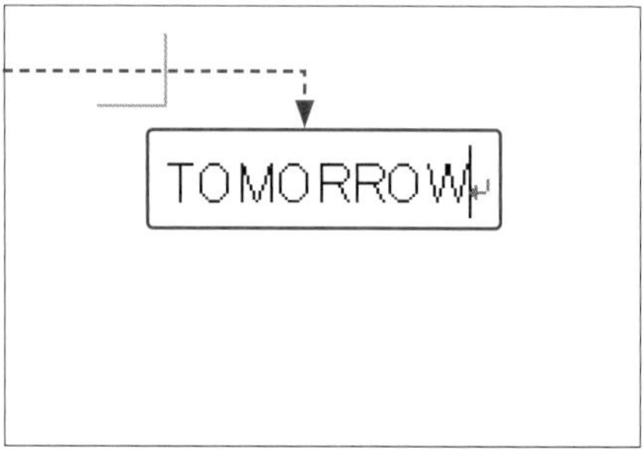

1 Shift＋CapsLockを押します。

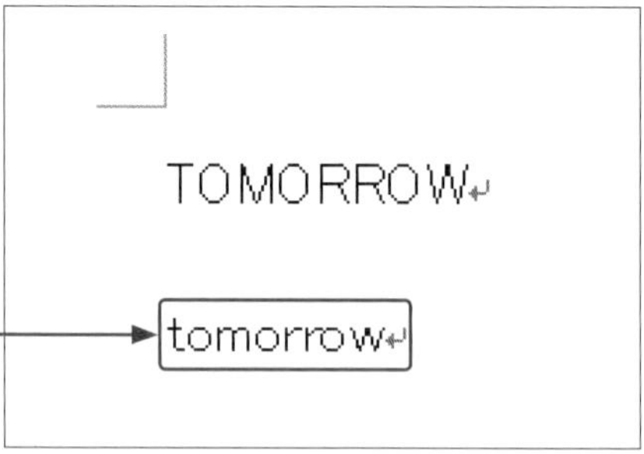

2 「tomorrow」と入力できます。

メモ キーロック

通常はShiftを押しながら文字キーを押して大文字を入力しますが、ShiftとCapsLockを押すことで、キーを大文字入力に固定することもできます。

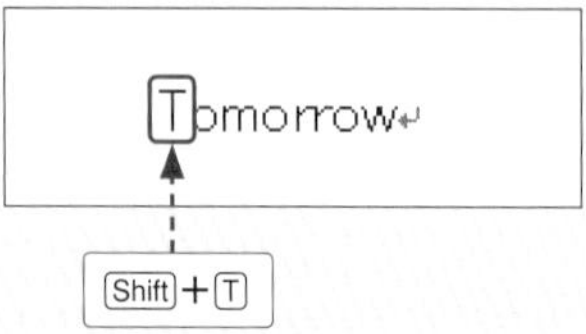

Question 06

困った度

英単語の頭文字が大文字に変更されてしまう

Answer

<オートコレクト>ダイアログボックスで自動的に変換されないように設定します。

1 <ファイル>タブの<オプション>をクリックして、<Wordのオプション>画面を表示します。

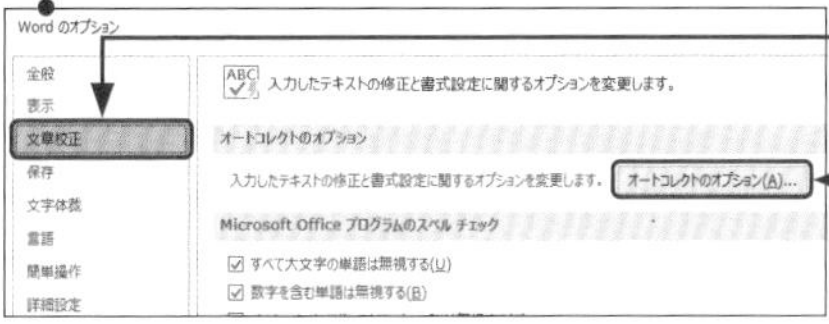

2 <文章校正>をクリックして、

3 <オートコレクトのオプション>をクリックします。

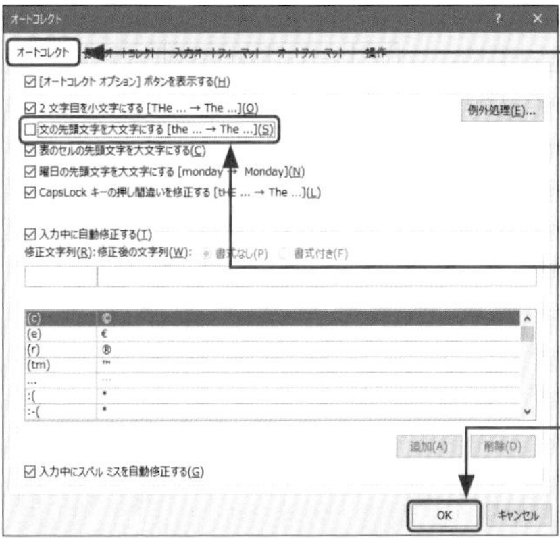

4 <オートコレクト>をクリックして、

5 <文の先頭文字を大文字にする>をクリックして、オフにします。

6 <OK>をクリックして、<Wordのオプション>画面の<OK>をクリックします。

参考 <オートコレクトのオプション>で設定する

先頭文字にマウスポインターを合わせて<オートコレクトのオプション>をクリックし、<文の先頭文字を自動的に大文字にしない>をクリックすると、以降は自動的に変更されません。

困った度 😣😣😣😣

Question 07

英字のキーを押すと数字が入力されてしまう

Answer NumLock機能がオンになっています。 NumLock を押してオフにします。

ノートパソコンの中には、NumLockがオン（有効）になっていると、一部の英字キーがテンキーとして機能するものがあります。この場合は、NumLockをオフ（無効）にすると解決できます。

通常のキーボードでは、 NumLock を押すとNumLockのオン／オフを切り替えできます。ノートパソコンの場合はさまざまな機能を狭いキーボードの中で割り当てている機種が多いため、 NumLock を単独で押しても切り替えできない場合があります（メーカーにより同時に押すキーは異なります）。

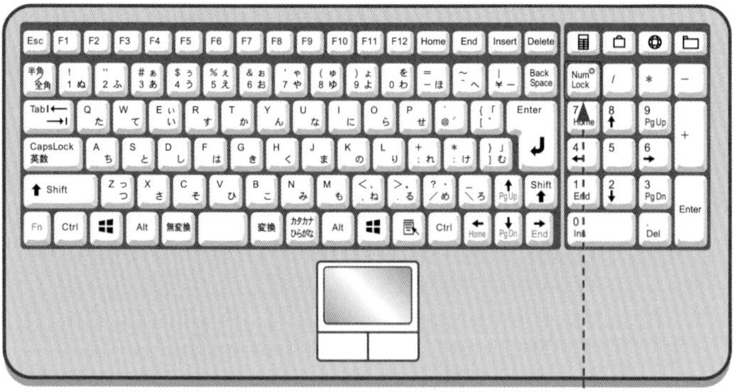

NumLock を押してNumLockをオフにします。

メモ 通常のキーボードの場合

通常のキーボードでNumLockをオフにするとテンキーの機能がオフになり、テンキーが移動キー（↑ ↓ ← →：上下左右、 Home ：行の先頭、 End ：行の末尾）として機能するようになります。
テンキーを押して数字が入力できないときは、 NumLock を押してオンにしましょう。

困った度

Question 08

文字を入力すると入力済みの文字が消えてしまう

Answer 上書きモードになっています。
Ins を押して挿入モードに切り替えます。

1 挿入する文字を入力し始めると、

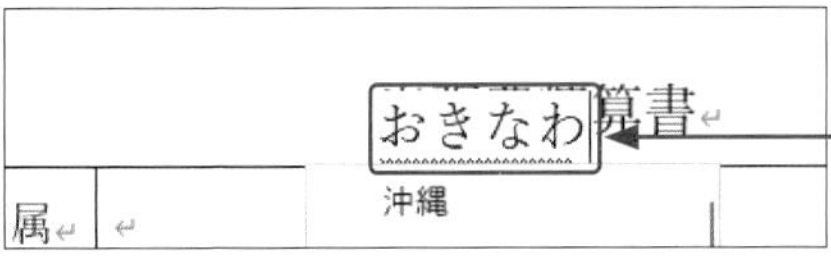

2 入力済みの文字の上に入力され、

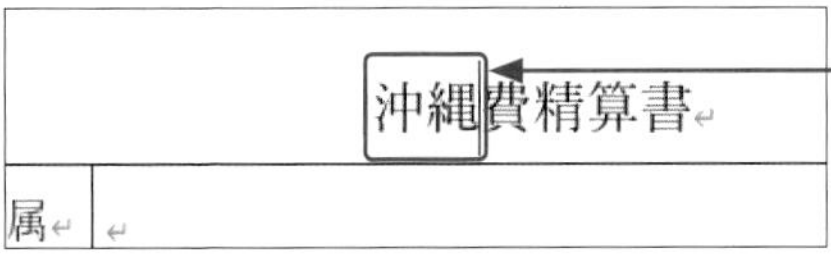

3 もとの文字が消えてしまいます。

4 手順1の画面に戻して Ins を押します。

5 入力し直すと、通常に文字が入力できます。

参考 挿入モードと上書きモード

文字入力には、文字が挿入される挿入モードと、文字を上書きする上書きモードがあります。Ins を押すと、2つのモードが切り替わります。
Wordのステータスバーを右クリックして＜上書き入力＞をクリックすると、ステータスバーにモードを表示できます。

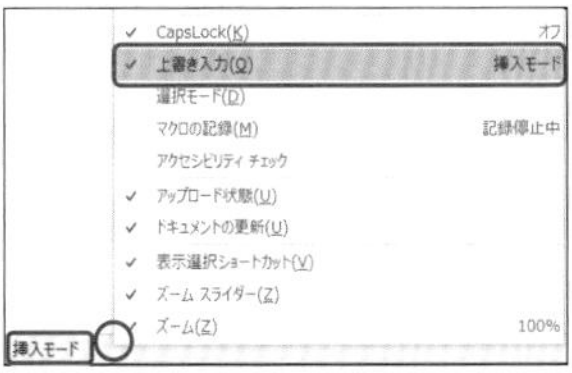

困った度 ★★★☆☆

Question 09

URLやメールアドレスがハイパーリンクになってしまう

Answer ＜オートコレクト＞ダイアログボックスで自動的に変更されないように設定します。

1 P.51の手順1～3の方法で、＜オートコレクト＞ダイアログボックスを表示します。

2 ＜入力オートフォーマット＞をクリックして、

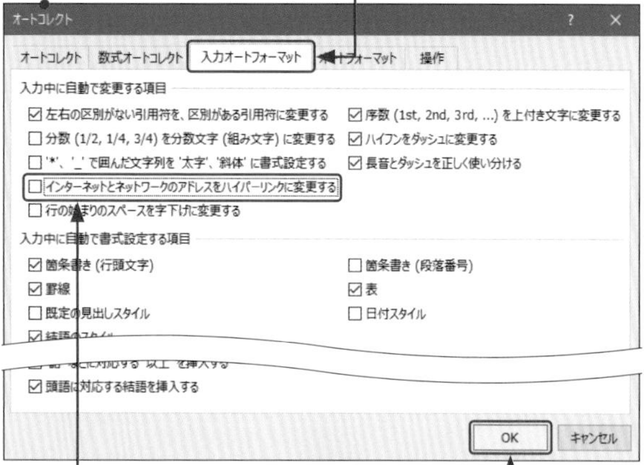

3 ＜インターネットとネットワークのアドレスをハイパーリンクに変更する＞をクリックして、オフにします。

4 ＜OK＞をクリックして、＜Wordのオプション＞画面の＜OK＞をクリックします。

メモ そのほかの方法

文字列を右クリックして、＜ハイパーリンクの削除＞をクリックすると、設定されているハイパーリンクを解除できます。

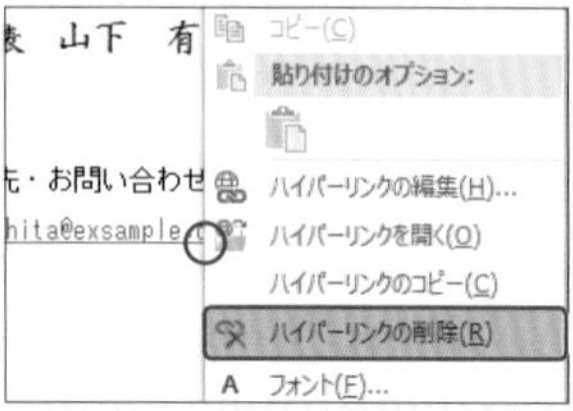

PART 2 文字の入力で困った！

対応バージョン 2019 2016 2013 365

困った度

Question
10 変換する際の文節の区切りを自由に変換したい

Answer Shift＋←／→を押して文節区切りを変更します。

「今日が区になって最初の」と入力します。

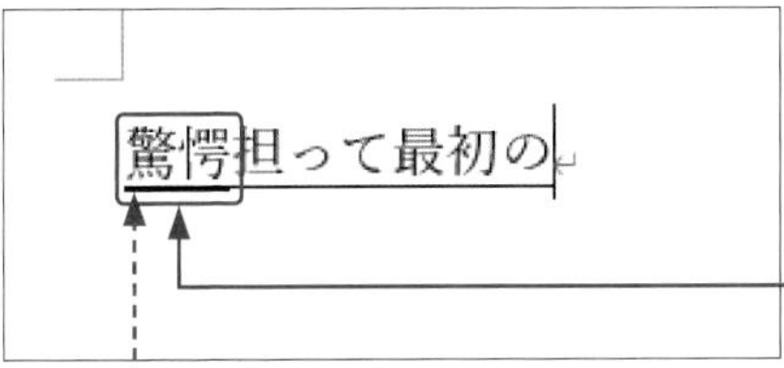

1 「きょうがくになってさいしょの」と入力して変換します。

2 「驚愕」の位置に←を押してカーソルを移動します。

文節の区切りは太い下線で表示されます。

3 Shift＋←を押して、「きょうが」を読み状態に戻します。

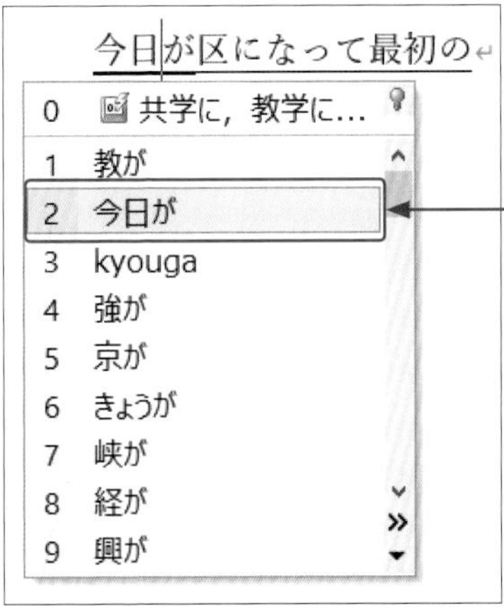

4 変換を押して「今日が」に変換します。

メモ 文節の移動

文節は←／→で移動します。Shift＋←／→を押すと区切りを変更できます。

困った度

Question 11

文字を一発でカタカナや半角英数に変換したい

Answer カタカナにするには F7 または F8、半角英数にするには F10 を押します。

カタカナに変換する

1 「ぎじゅつひょうろんしゃ」と入力して、F7 を押します。

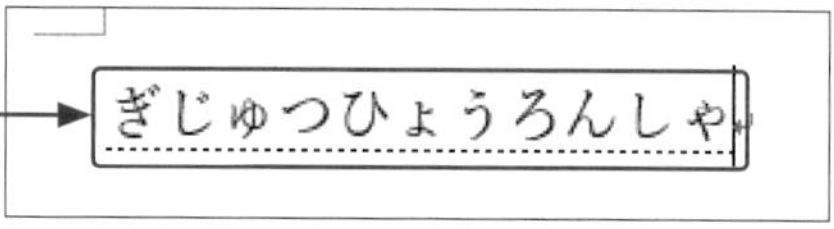

2 全角カタカナに変換されます。

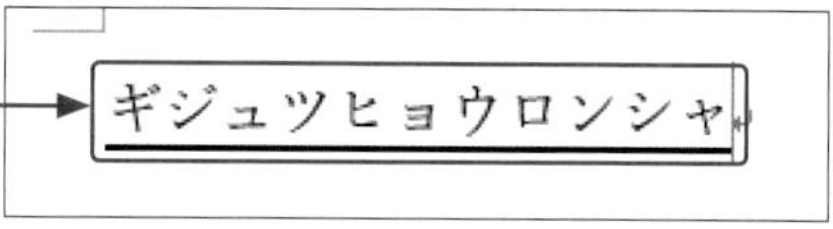

F8を押すと、半角カタカナに変換されます。

半角英数に変換する

1 ひらがなモードで「ぎひょ」と入力して、F10 を押します。

2 半角小文字に変換されます。

3 再度 F10 を押すと、半角大文字に変換されます。

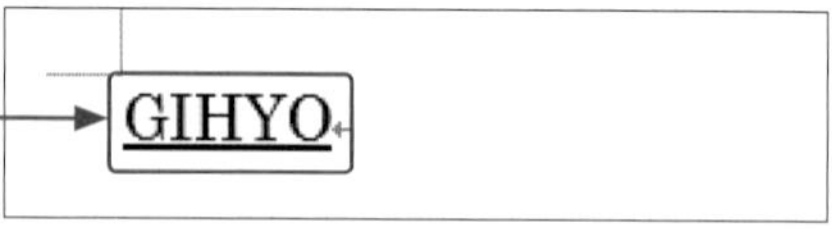

メモ ファンクションキーの変換

F7 のように F が付いたキーをファンクションキーといいます。ひらがなで F7 を押すと全角カタカナ、F8 を押すと半角カタカナになります。英字の場合は F9 を押すたびに全角大文字と小文字、F10 で半角大文字と小文字が切り替わります。

対応バージョン 2019 2016 2013 365

Question 12

確定した漢字を別の漢字に変更したい

Answer 漢字を選択して Space または 変換 を押すと、再変換できます。

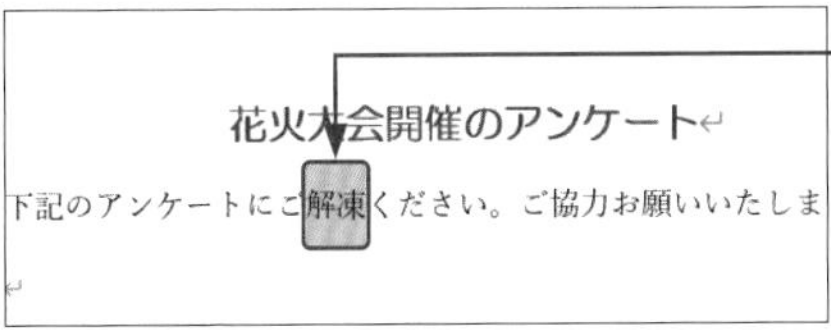

1 再変換したい漢字を選択します。

2 Space を押します。

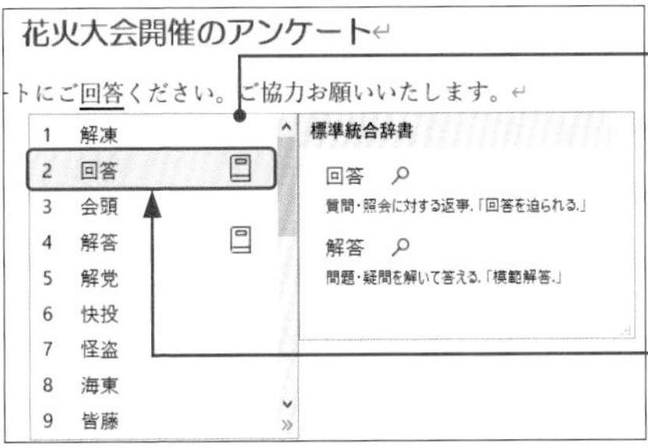

3 変換候補が表示されるので、

4 正しい漢字を選択すると、

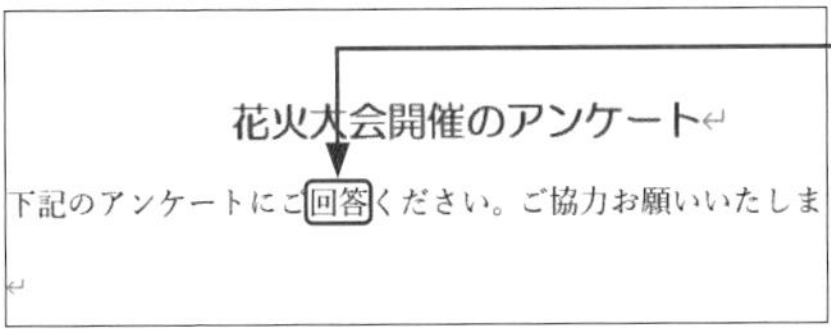

5 再変換されます。

参考 文節単位で変更する

文節内にカーソルを置いて 変換 を押すと、文節単位の変換候補が表示されます。

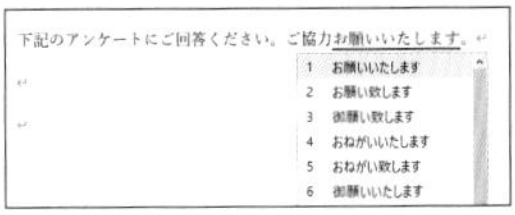

困った度

Question 13

難しい漢字を画数から調べて入力したい

Answer ＜IMEパッド＞を利用します。
画数や部首などで探すことができます。

1 入力モードを右クリックして、＜IMEパッド＞をクリックすると、IMEパッドを表示できます。

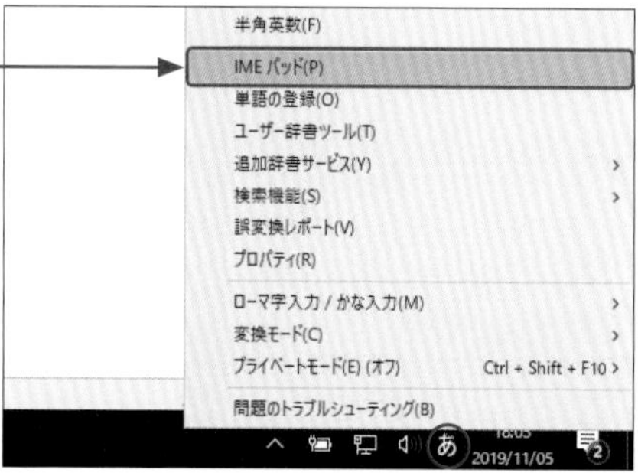

参考 IMEパッド

IMEパッドでは、総画数のほかに、部首や手書き（P.59参照）から探すことができます。

2 ＜総画数＞をクリックして、

3 ここをクリックし、

4 画数（ここでは15画）をクリックします。

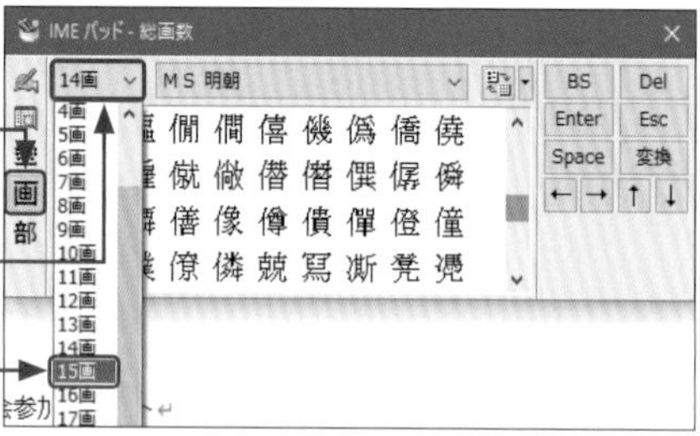

5 指定した画数の漢字が一覧表示されます。

6 目的の漢字をクリックすると、

7 入力されるので、

8 ＜Enter＞をクリックして確定します。

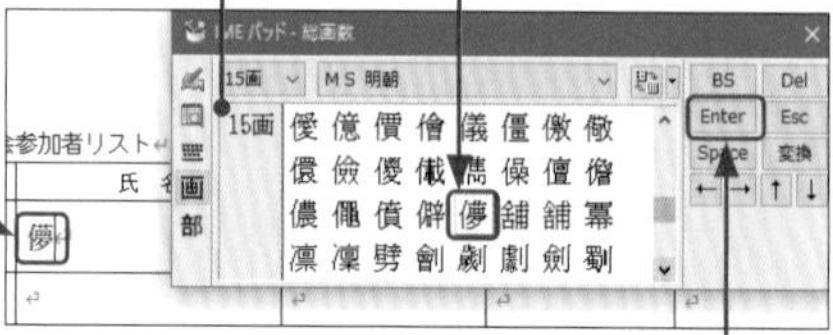

PART 2 文字の入力で困った！

対応バージョン 2019 2016 2013 365

困った度

Question 14

読みがわからない漢字を形で調べて入力したい

Answer ＜IMEパッド＞の＜手書き＞を利用します。

1 IMEパッドを表示して（P.58参照）、＜手書き＞をクリックします。

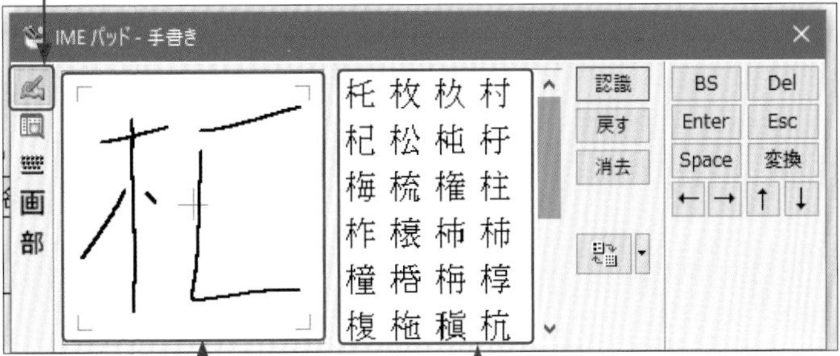

2 マウスをドラッグして文字を書くと、

3 候補が表示されます。

4 目的の文字をクリックすると、

5 入力されるので、

6 ＜Enter＞をクリックして確定します。

困った度

Question 15 <描画>タブが表示されない

Answer リボンのユーザー設定で<描画>をクリックしてオンにします。

1 <ファイル>タブをクリックします。

<描画>タブが表示されていません。

2 <オプション>をクリックして<Wordのオプション>画面を表示します。

3 <リボンのユーザー設定>をクリックして、

4 <描画>をクリックしてオンにし、

5 <OK>をクリックします。

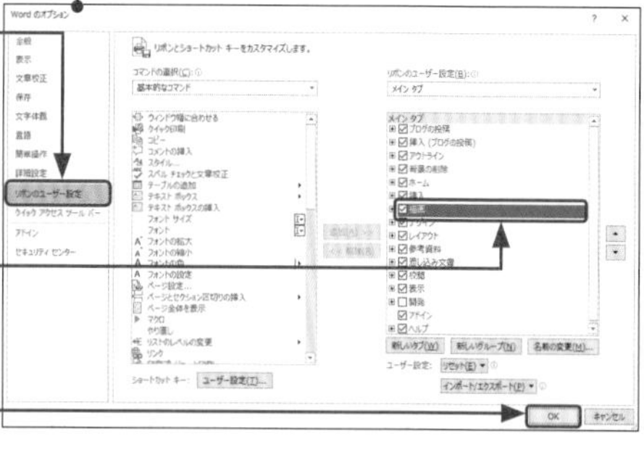

6 <描画>タブが表示されます。

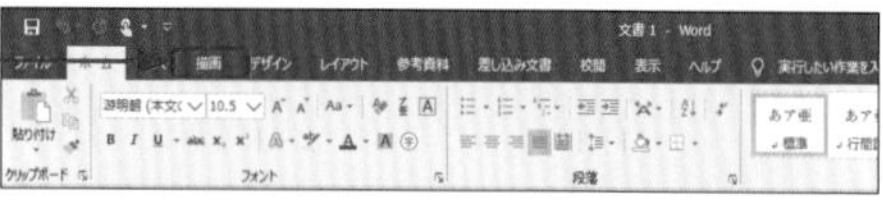

メモ <描画>タブ

<描画>タブではペンを選んで手書きの文字を書き込んだり、図形をデジタル図形に変更できたりします。Word 2016以降のバージョンで利用できます。

メモ <リボンのユーザー設定>の表示

<クイックアクセスツールバーのユーザー設定>▼をクリックして、<その他のコマンド>をクリックしても表示できます。

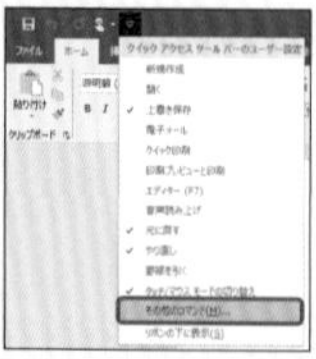

困った度 ☹☹☹

Question 16

手書きで文字を入力したい

Answer <描画>タブでペンの種類を選びます。マウスを動かすか、デジタルペンなどを利用します。

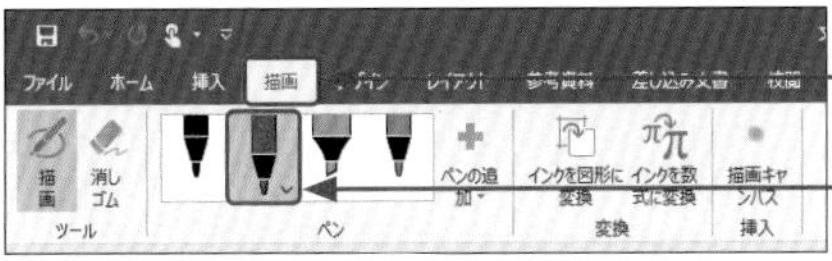

1 <描画>タブをクリックして、

2 ペンの種類をクリックします。

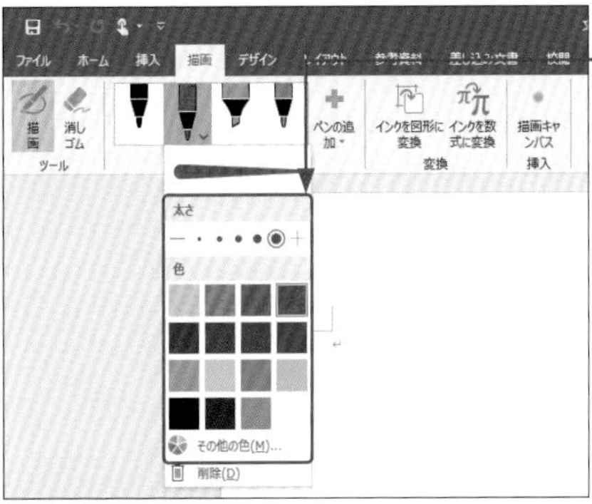

3 再度ペンをクリックすると、ペンの太さや色を選択できます。

メモ　書き込んだ文字を消す

<消しゴム>をクリックして、消したい箇所をクリックします。

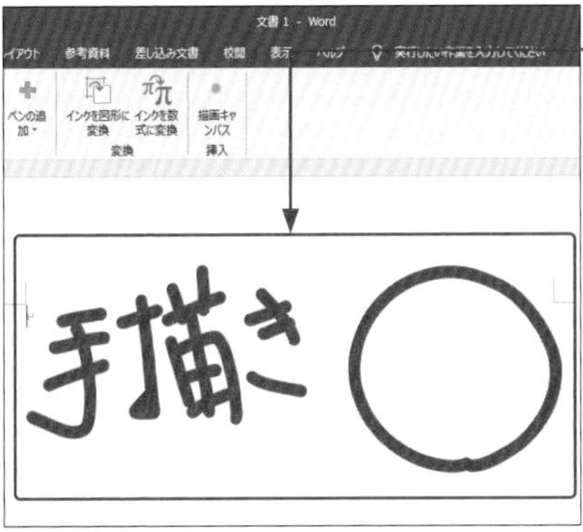

4 画面上で文字を書くことができます。

参考　図形をデジタル化する

○など単純な図形を手書きして、<インクを図形に変換>をクリックすると、デジタルの図形に変換できます。

困った度

Question 17

手書きで数式を入力したい

Answer <数式入力コントロール>ウィンドウで手書きするとデジタル化されて入力されます。

1 <描画>タブの<インクを数式に変換>をクリックします。

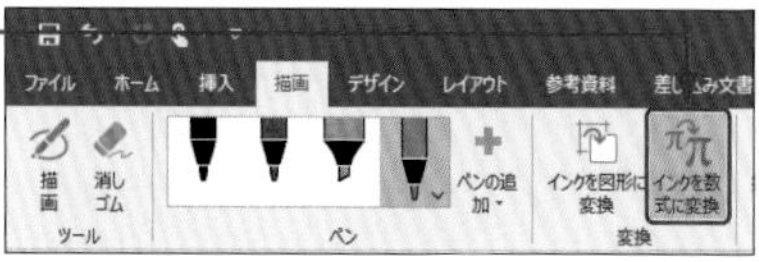

2 <数式入力コントロール>ウィンドウで数式を手書きすると、

3 デジタル化されます。

4 <挿入>をクリックします。

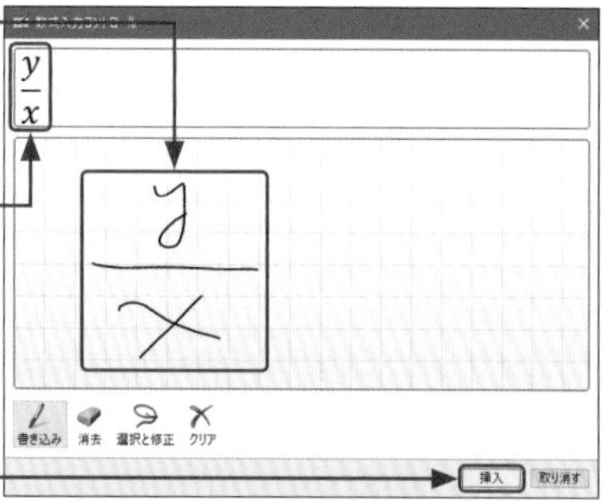

5 数式フィールドが挿入されます。

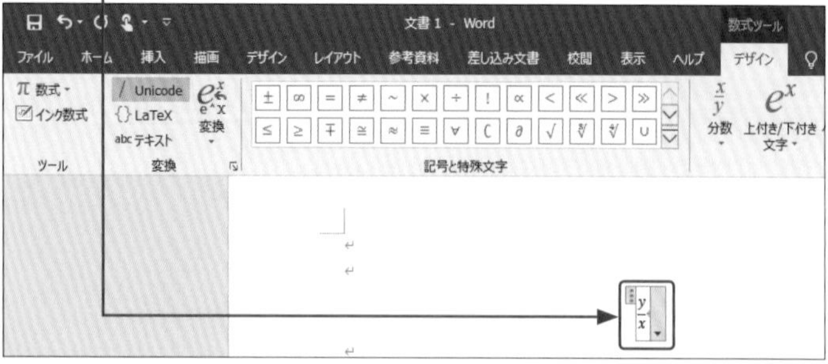

メモ <数式入力コントロール>ウィンドウ

<数式入力コントロール>ウィンドウは、<挿入>タブの<数式>をクリックして<インク数式>をクリックしても表示できます。

対応バージョン 2019 2016 2013 365

困った度

Question 18

箇条書きで入力したい

Answer 行頭に「・」や「1.」を入力して Space を押します。

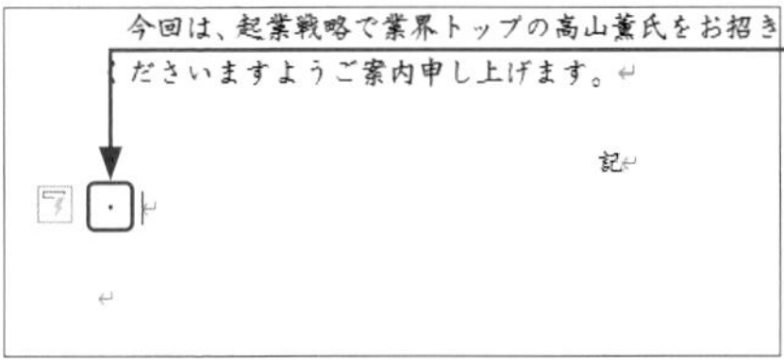
今回は、起業戦略で業界トップの高山薫氏をお招き
くださいますようご案内申し上げます。
記
・

1 「・」を入力して、

2 Space を押すと、

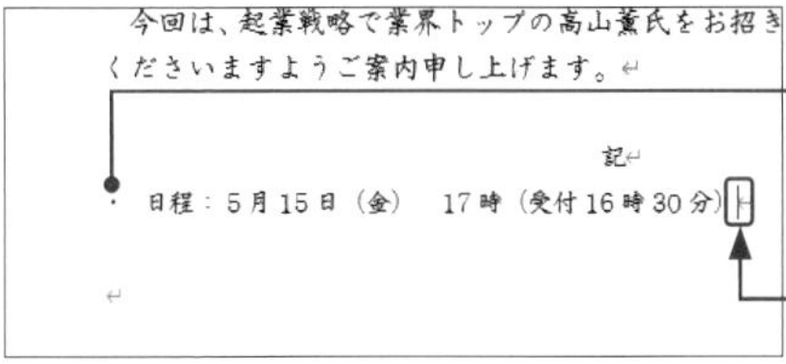
今回は、起業戦略で業界トップの高山薫氏をお招き
くださいますようご案内申し上げます。
記
・ 日程：5月15日（金）　17時（受付16時30分）

3 箇条書きで入力できます。

4 Enter を押して改行すると、

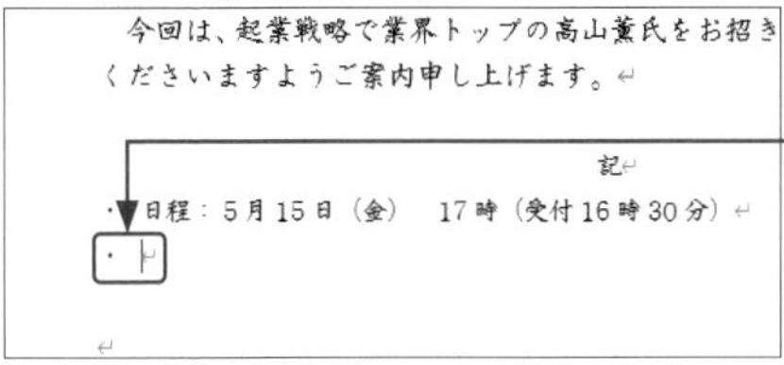
今回は、起業戦略で業界トップの高山薫氏をお招き
くださいますようご案内申し上げます。
記
・日程：5月15日（金）　17時（受付16時30分）
・

5 次の行にも自動的に箇条書きが設定されます。

6 同様に箇条書きで入力できます。

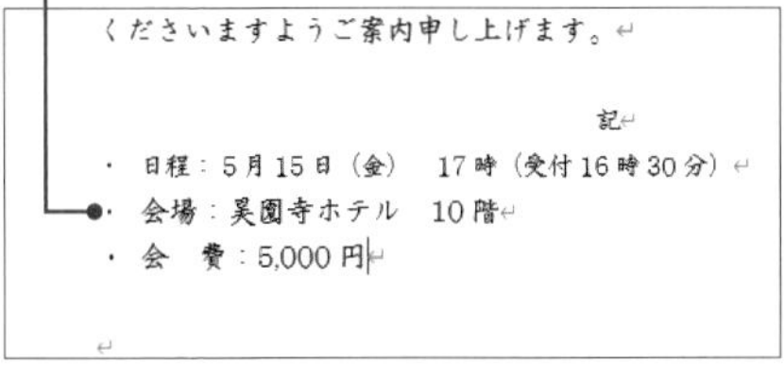
くださいますようご案内申し上げます。
記
・ 日程：5月15日（金）　17時（受付16時30分）
・ 会場：昊園寺ホテル　10階
・ 会　費：5,000円

参考 段落番号

「1.」を同様の操作で入力すると、箇条書き（番号）が自動的に設定されます。

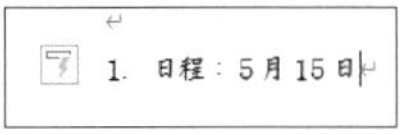
1. 日程：5月15日

困った度

Question 19

箇条書きの先頭の記号を変更したい

Answer ＜ホーム＞タブの行頭文字ライブラリから新しい記号を設定できます。

1 箇条書きの段落を選択します。

2 ＜ホーム＞タブをクリックして、

3 ここをクリックし、

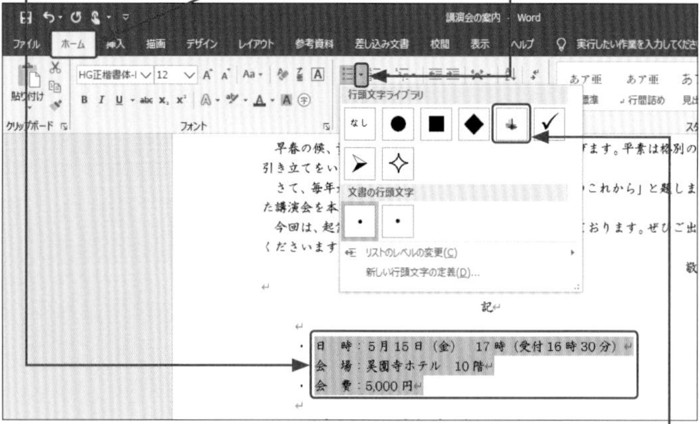

4 変更する記号をクリックします。

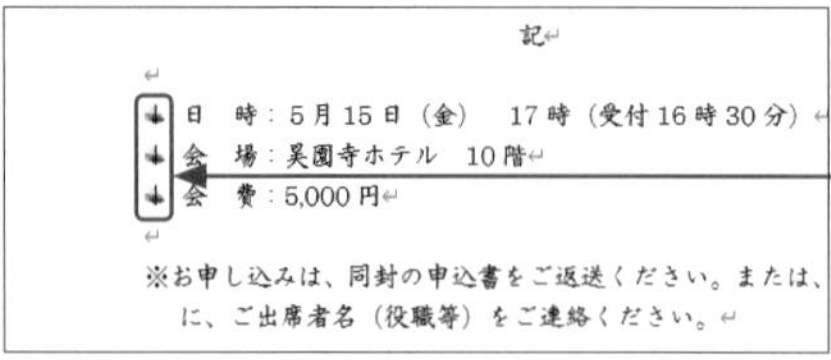

5 記号が変更されます。

参考　箇条書きを中止する

「・」などを入力し、Spaceを押して箇条書きになった場合は（P.54の手順1～3参照）、何も入力せずにEnterを押すと、箇条書きを中止して通常の文章の入力に戻ります。

PART 2 文字の入力で困った！

対応バージョン 2019 2016 2013 365

困った度

Question 20

行頭に記号を入力すると箇条書きになってしまう

Answer ＜オートコレクト＞ダイアログボックスで自動で箇条書きにならないように設定します。

1 ＜ファイル＞タブの＜オプション＞をクリックして、＜Wordのオプション＞画面を表示します。

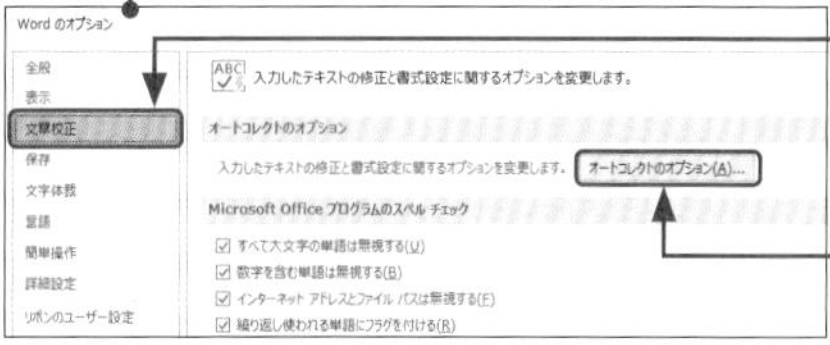

2 ＜文章校正＞をクリックして、

3 ＜オートコレクトのオプション＞をクリックします。

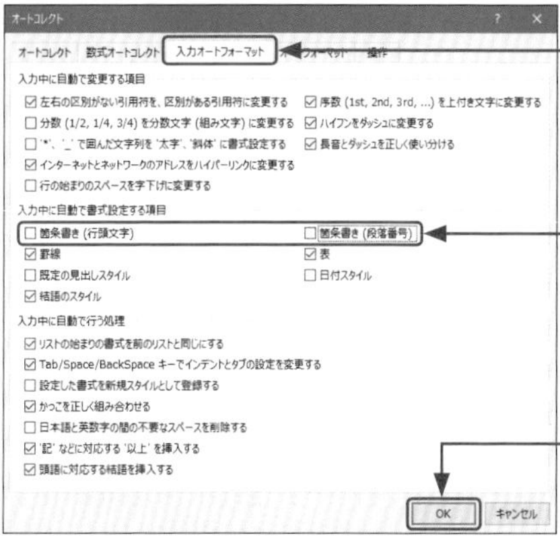

4 ＜入力オートフォーマット＞をクリックして、

5 ＜箇条書き（行頭文字）＞と＜箇条書き（段落番号）＞をクリックして、オフにします。

6 ＜OK＞をクリックして、＜Wordのオプション＞画面の＜OK＞をクリックします。

参考 ＜オートコレクトのオプション＞で設定する

箇条書き部分の＜オートコレクトのオプション＞をクリックして、＜箇条書きを自動的に作成しない＞をクリックすると、以降は箇条書きが自動的に設定されません。

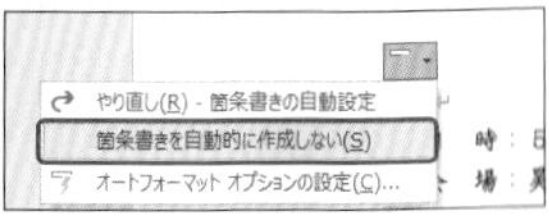

困った度

Question 21 あいさつ文を入力したい

Answer <あいさつ文>ダイアログボックスを利用します。

1 <挿入>タブをクリックして、

2 <あいさつ文>をクリックし、

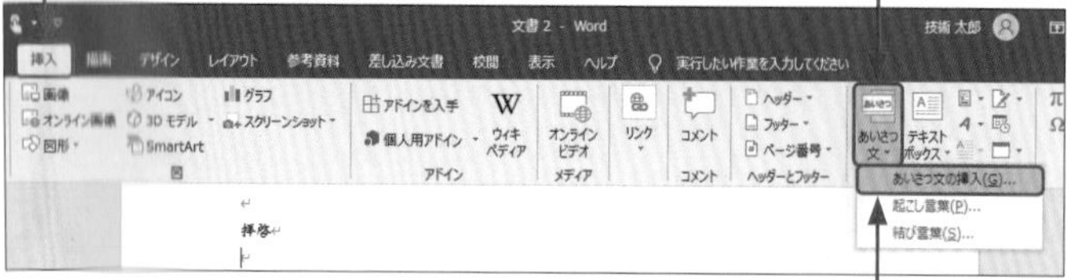

3 <あいさつ文の挿入>をクリックします。

4 月を指定して、

5 時候と安否のあいさつをそれぞれクリックします。

6 感謝のあいさつ文をクリックして選択し、

7 <OK>をクリックします。

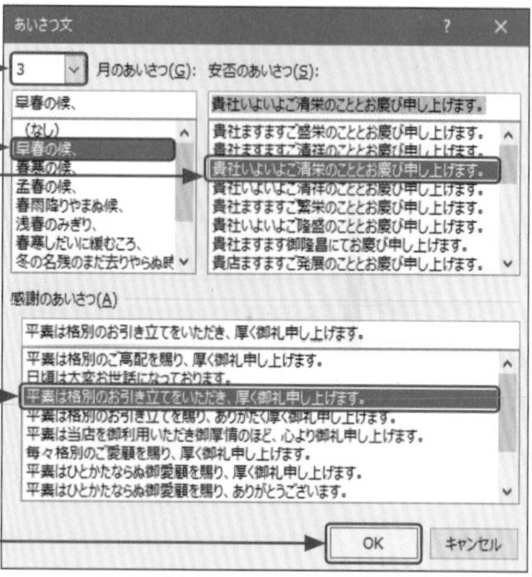

8 あいさつ文が挿入されます。

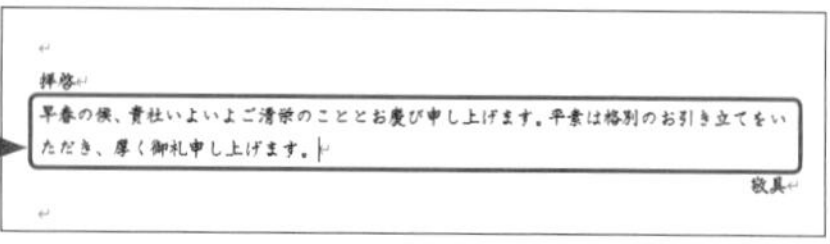

対応バージョン 2019 2016 2013 365

困った度 ●●●○○

Question 22

「拝啓」と入力すると「敬具」も入力されてしまう

Answer <オートコレクト>ダイアログボックスで自動的に挿入されないように設定します。

「拝啓」と入力して Enter を押すと、

自動的に「敬具」が入力されます。

1 P.65の手順 1 ～ 3 の方法で、<オートコレクト>ダイアログボックスを表示します。

2 <入力オートフォーマット>をクリックして、

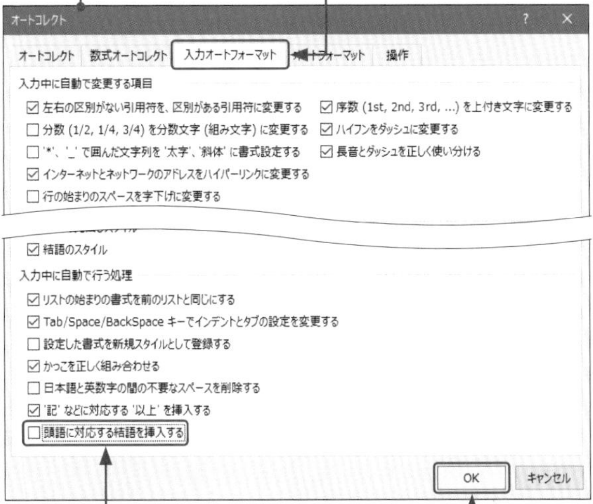

3 <頭語に対応する結語を挿入する>をクリックして、オフにします。

4 <OK>をクリックして、<Wordのオプション>画面の<OK>をクリックします。

困った度

Question

23 郵便番号を使って住所をかんたんに入力したい

Answer 郵便番号を変換すると住所が表示されます。これは、Microsoft IMEの郵便番号辞書機能です。

1 日本語入力モード（あ）にします。

2 「162-0846」と入力して、

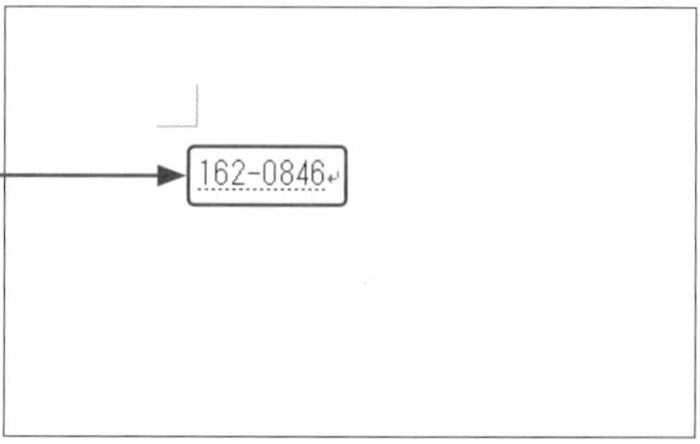

3 Space を2回押すと、

4 「東京都新宿区市谷左内町」と住所が変換候補に表示されます。選択すると、

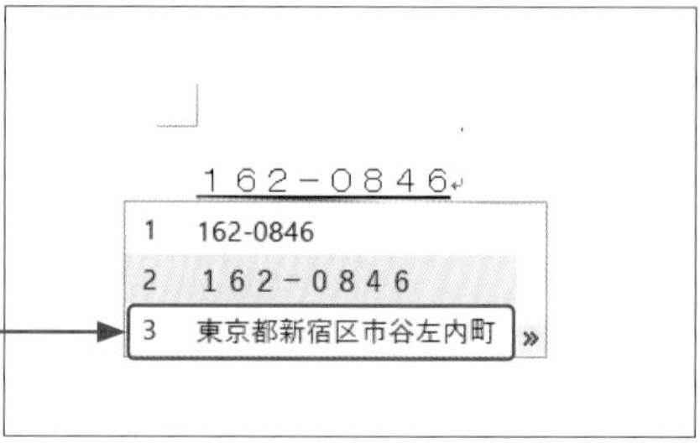

5 住所を入力できます。

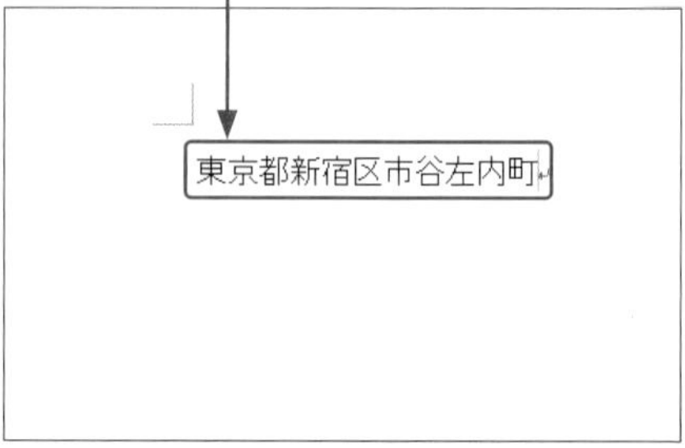

メモ 郵便番号辞書

Microsoft IMEの郵便番号辞書機能によって郵便番号に変換できます。ただし、新しく郵便番号が変更になった地域など、更新されていない場合もあります。

対応バージョン 2019 2016 2013 365

困った度

Question 24

特定の文字を探してまとめて変更したい

Answer 置換機能を利用します。半角／全角などのあいまいな文字も一緒に変更できます。

ここでは、文書中の「キャリア」を「ビジネス」に変更します。

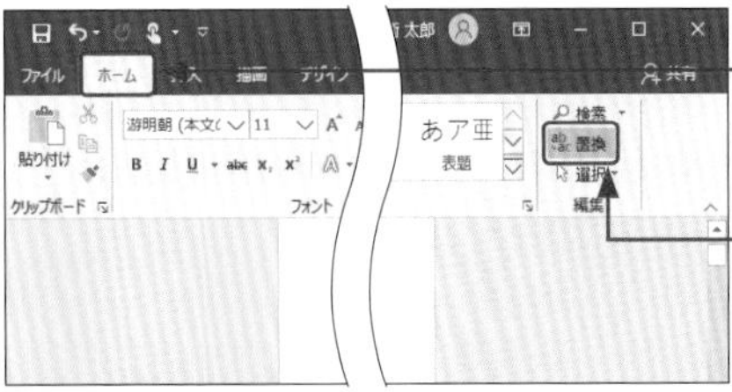

1 <ホーム>タブをクリックして、

2 <置換>をクリックします。

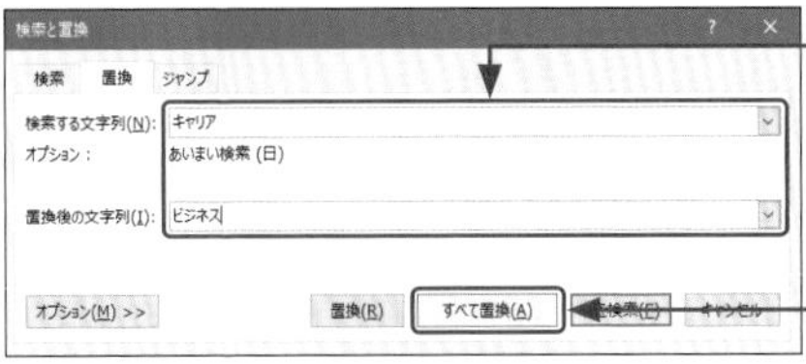

3 検索（キャリア）と置換（ビジネス）の文字を入力して、

4 <すべて置換>をクリックします。

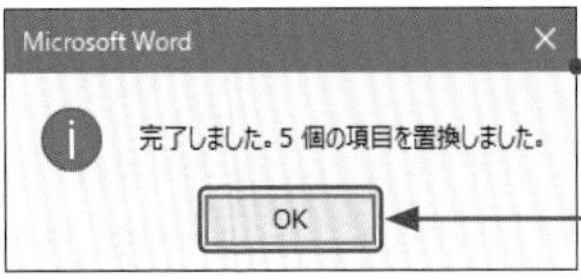

5 確認メッセージが表示されるので、

6 <OK>をクリックします。

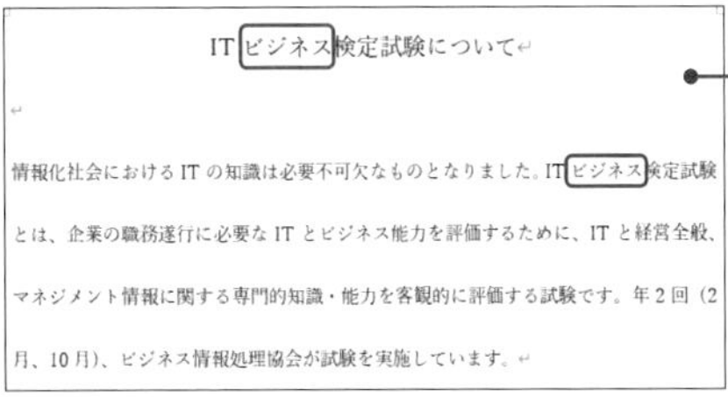

7 目的の文字列がすべて置換されます。

PART 2 文字の入力で困った！

対応バージョン 2019 2016 2013 365

Question 25

置換する際のルールを細かく設定したい

Answer オプションを開いて、検索条件を絞り込みます。書式を条件にすることも可能です。

あいまい検索を無効にして条件を指定する

1 P.69を参考に＜検索と置換＞ダイアログボックスを表示して、検索と置換の文字列を入力します。

2 ＜オプション＞をクリックして、＜検索オプション＞を表示します。

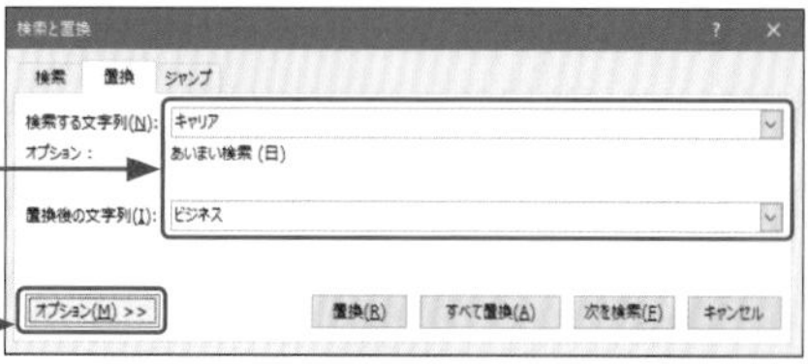

3 ＜あいまい検索＞をクリックしてオフにします。

4 ＜半角と全角を区別する＞をクリックしてオンにして、検索・置換します。

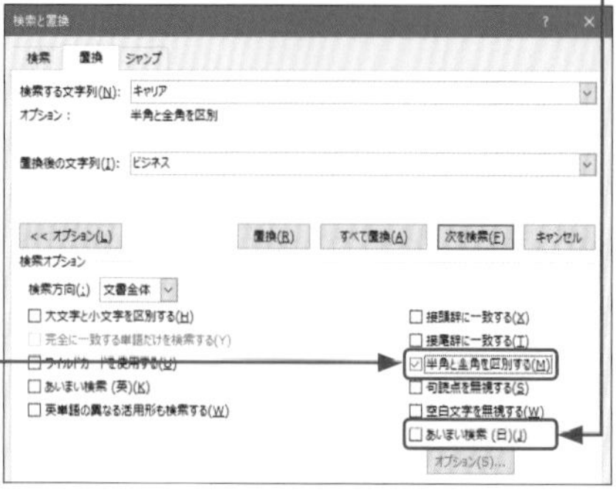

メモ　条件を絞り込む

＜オプション＞を開くとさまざまな条件を指定できます。通常は有効になっている＜あいまい検索＞を無効にして、半角／全角、大文字／小文字などを区別したり、完全に一致する文字列を対象にしたりして検索ができます。これによって、特定の文字だけを置換することができます。

書式を指定して置換する

1 <検索する文字列>欄にカーソルを移動します。

2 <書式>をクリックして、

3 <フォント>をクリックします。

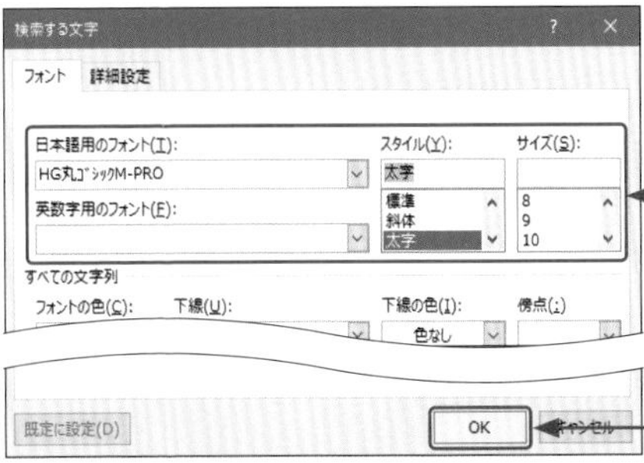

4 検索したいフォントを指定して、

5 <OK>をクリックします。

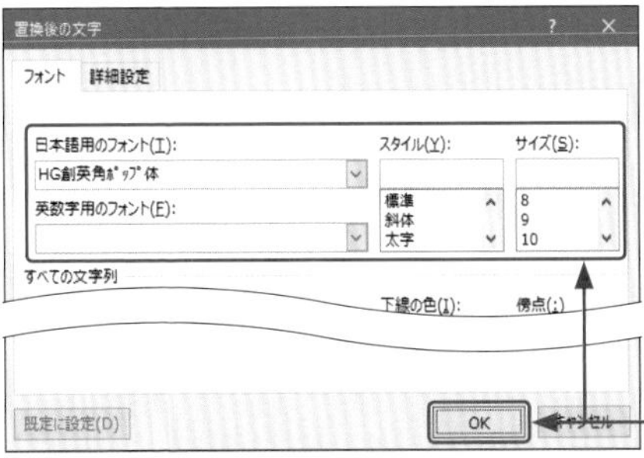

6 同様に、<置換後の文字列>欄にカーソルを移動して、<書式>→<フォント>をクリックします。

7 置換したいフォントを指定して、<OK>をクリックします。

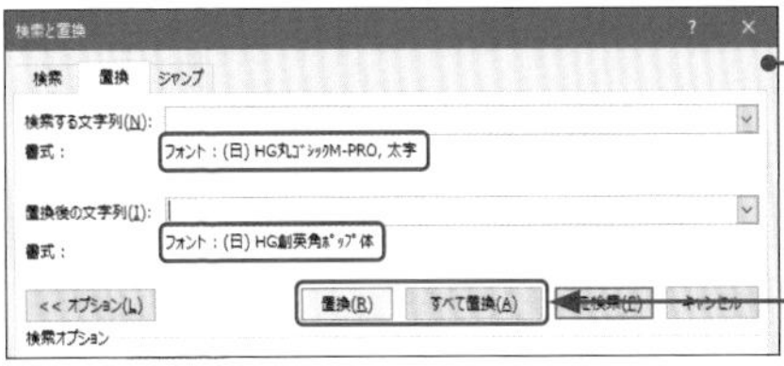

8 検索と置換の内容を確認して、

9 <置換>または<すべて置換>をクリックします。

Question 26

最新の日付を常に表示させたい

Answer ＜日付と時刻＞ダイアログボックスで＜自動的に更新する＞をオンにします。

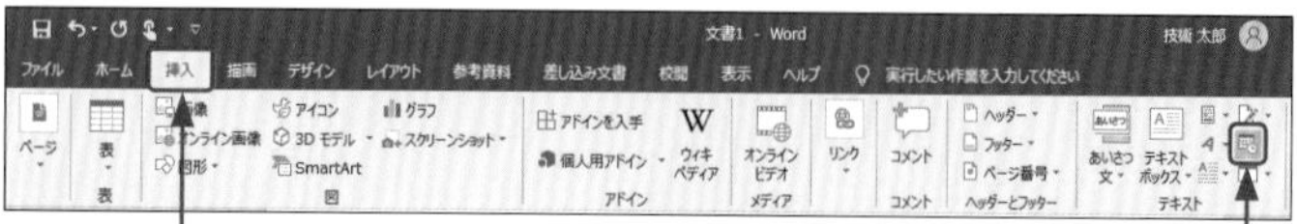

1 ＜挿入＞タブをクリックして、

2 ＜日付と時刻＞をクリックします。

3 カレンダーの種類や日付の表示形式を選択します。

4 ＜自動的に更新する＞をクリックしてオンにし、

5 ＜OK＞をクリックすると、文書を開くたびに、当日の日付で表示されます。

参考 日付を変更させない文書

契約書や覚書、議事録など、作成日を確定する必要がある場合は、この機能はオフにします。

メモ カレンダーの種類と形式

＜日付と時刻＞ダイアログボックスでは、言語を日本語と英語、カレンダーの種類をグレゴリ暦と和暦を選択できます。それによって、表示形式も変更されます。

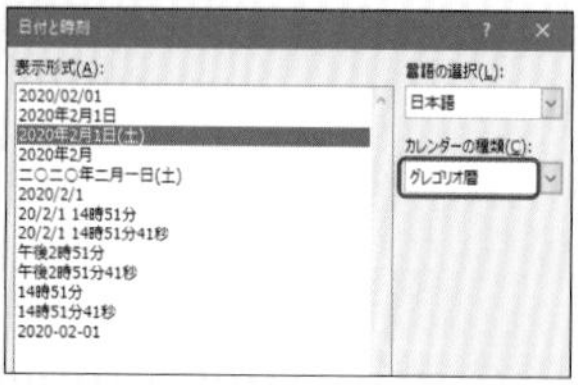

困った度

Question 27

よく使う単語を登録したい

Answer 単語の登録機能を利用します。変換しにくい名前など短縮読みで登録しておくと便利です。

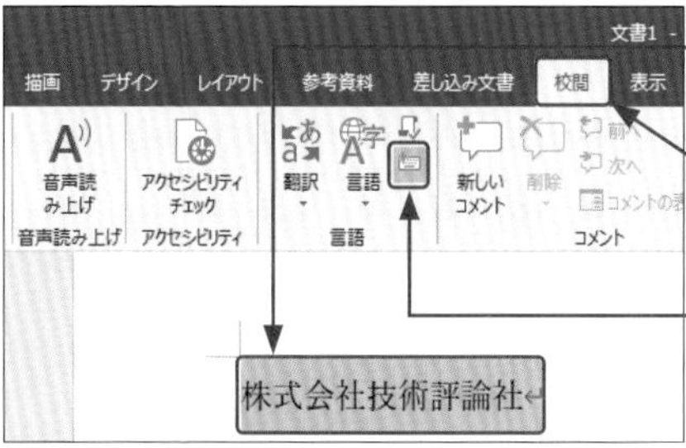

1 登録する文字列を選択します。

2 <校閲>タブをクリックして、

3 <日本語入力辞書への単語登録>をクリックします。

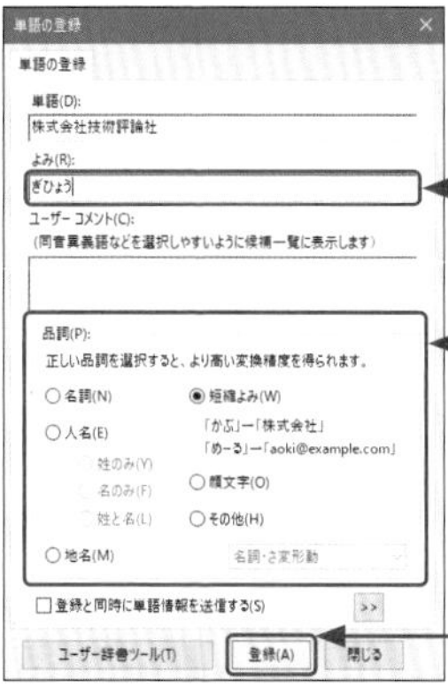

4 <よみ>を入力して、

5 必要な項目をクリックしてオンにし、

6 <登録>をクリックして、<閉じる>をクリックします。

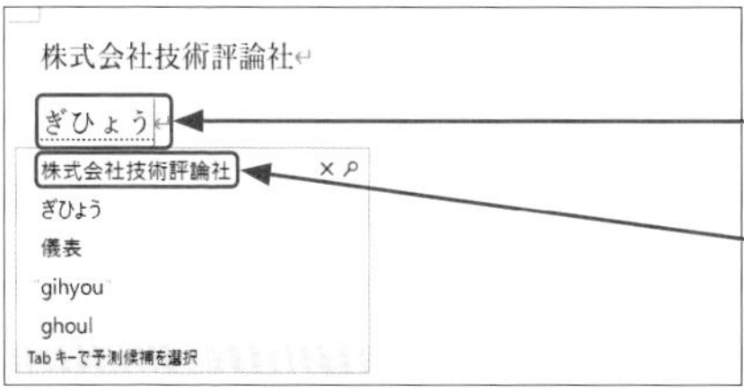

7 読みを入力すると、

8 変換候補に表示されます。

対応バージョン 2019 2016 2013 365

困った度

Question 28

登録済の単語を削除したい

Answer ＜Microsoft IMEユーザー辞書ツール＞ダイアログボックスで削除します。

1 P.73の＜単語の登録＞画面で、＜ユーザー辞書ツール＞をクリックします。

2 ＜Microsoft IMEユーザー辞書ツール＞ダイアログボックスが表示されるので、

4 ＜削除＞をクリックします。

3 削除したい単語を選択して、

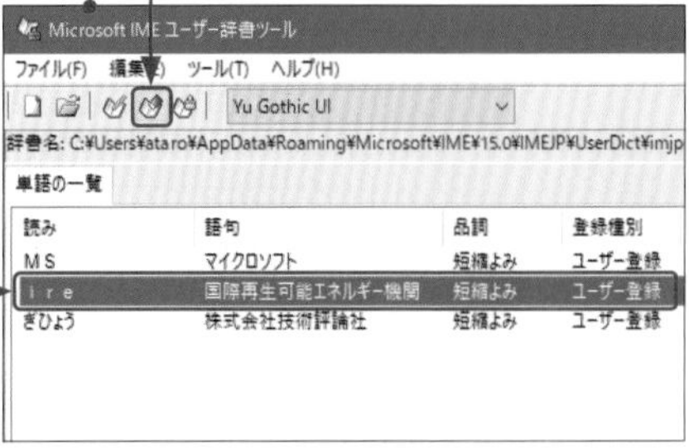

5 ＜はい＞をクリックします。

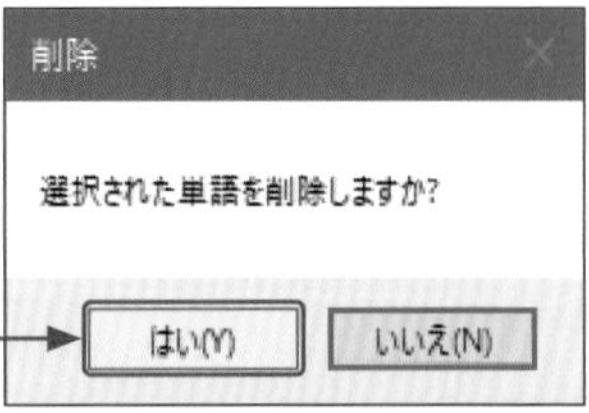

6 削除されます。

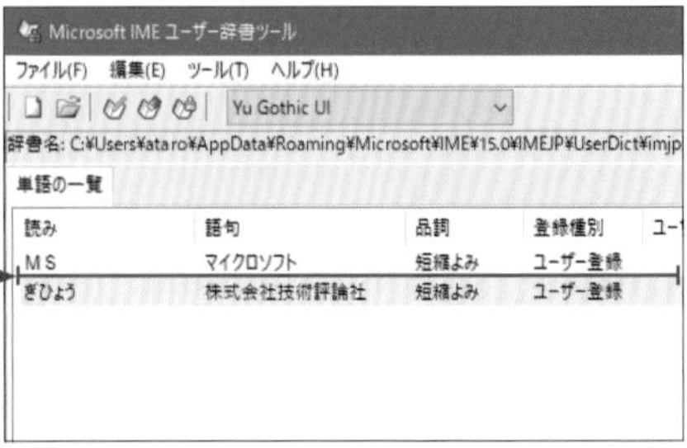

対応バージョン 2019 2016 2013 365

困った度

Question 29

Word文書にコメントを残したい

Answer <コメントの挿入>を利用します。ほかの人からコメントの返答を受け取ることもできます。

1 コメントを挿入したい文字列を選択（または挿入位置にカーソルを移動）します。

2 <校閲>タブをクリックして、

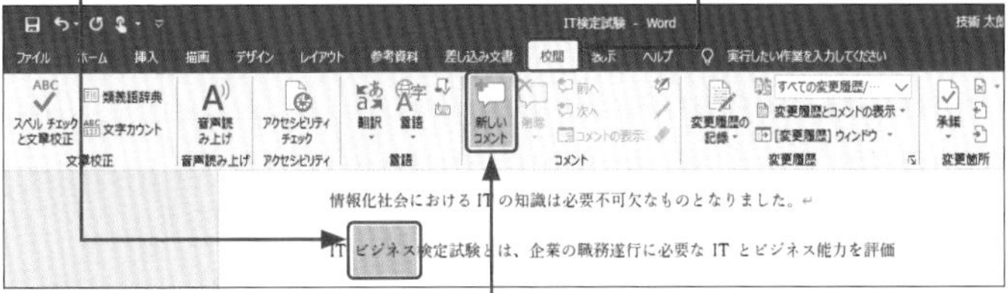
IT検定試験 - Word
ファイル
ホーム
挿入
描画
デザイン
レイアウト
参考資料
差し込み文書
校閲
表示
ヘルプ
実行したい作業を入力してください
スペル チェックと文章校正
類義語辞典
文字カウント
音声読み上げ
アクセシビリティ チェック
翻訳
言語
新しいコメント
変更履歴の記録
承諾
情報化社会における IT の知識は必要不可欠なものとなりました。
IT ビジネス検定試験とは、企業の職務遂行に必要な IT とビジネス能力を評価

3 <新しいコメント>をクリックします。

4 コメント欄が引き出されるので、コメントを入力します。

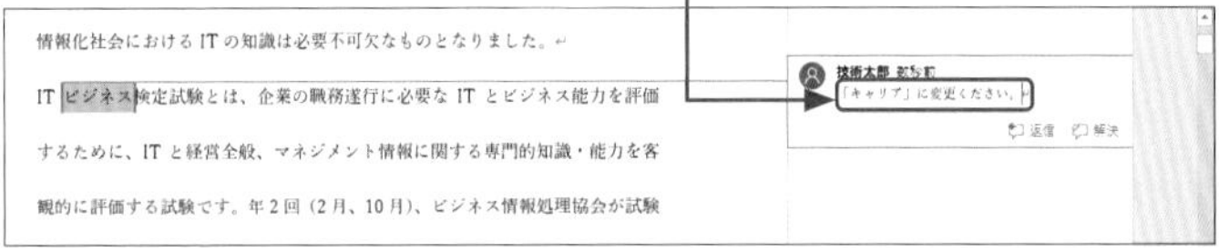
情報化社会における IT の知識は必要不可欠なものとなりました。
IT ビジネス検定試験とは、企業の職務遂行に必要な IT とビジネス能力を評価
するために、IT と経営全般、マネジメント情報に関する専門的知識・能力を客
観的に評価する試験です。年 2 回（2 月、10 月）、ビジネス情報処理協会が試験
技術太郎 数秒前
「キャリア」に変更ください。
返信
解決

5 保存して、ほかの人にファイルを渡します。

メモ コメントを利用する

文書を複数の人で作成する場合に、質問などをコメントにしてやり取りができます。コメントを入れたファイルをほかの人が開くと、コメントが表示されるので、<返信>をクリックして、コメントの返答を入力できます。

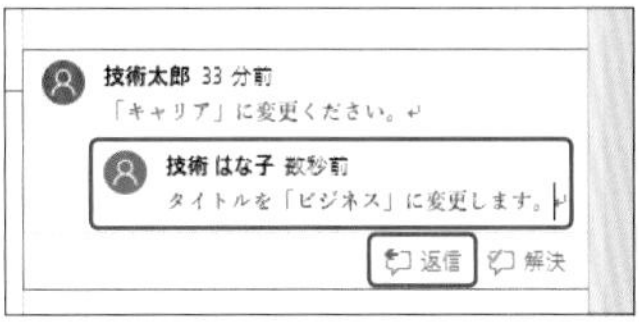
技術太郎 33 分前
「キャリア」に変更ください。
技術 はな子 数秒前
タイトルを「ビジネス」に変更します。
返信
解決

困った度

Question 30 Word文書の変更内容を履歴として残したい

Answer <変更履歴の記録>を利用します。
加筆修正などの履歴をファイルに保存できます。

変更履歴を記録する

1 <校閲>タブをクリックして、

IT検定試験 - Word
校閲
変更履歴の記録
すべての変更履歴/

2 <変更履歴の記録>をクリックします。

3 <すべての変更履歴/コメント>を指定します。

4 加筆は色付き文字で、削除は取り消し線で表示されます。

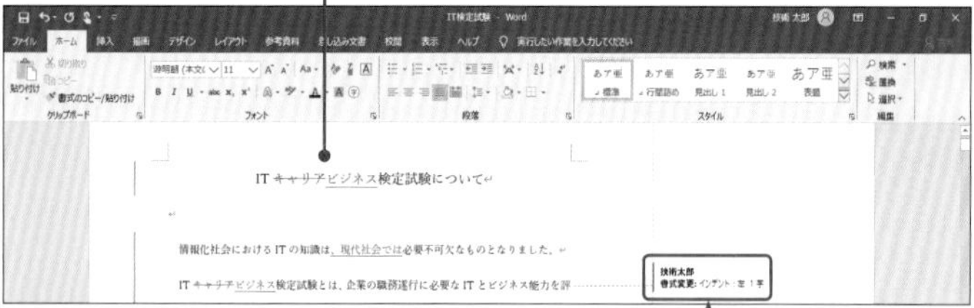
ITキャリアビジネス検定試験について
情報化社会におけるITの知識は、現代社会では必要不可欠なものとなりました。
ITキャリアビジネス検定試験とは、企業の職務遂行に必要なITとビジネス能力を評
技術太郎
書式変更: インデント: 左 1 字

5 書式を変更すると、表示されます。

6 終了したら、<変更履歴の記録>をクリックします。

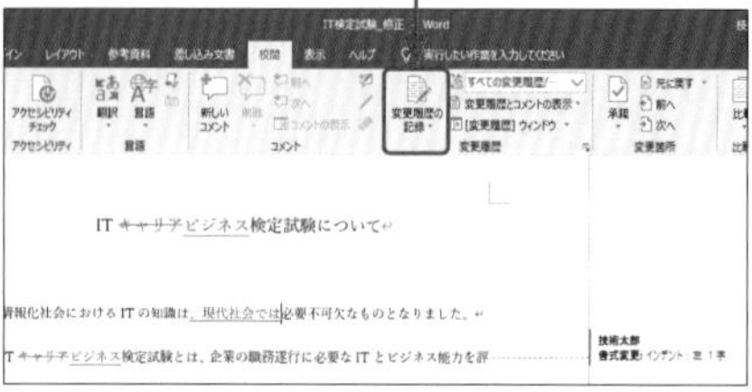
ITキャリアビジネス検定試験について
情報化社会におけるITの知識は、現代社会では必要不可欠なものとなりました。
技術太郎

7 ファイル名を変えて保存します。

メモ 変更履歴を利用する

複数人で文書を作成する場合に、誰が、どのように変更を加えたのかを記録できます。変更は確定ではなく、承認などの処理を行って最終的な文書にします。

対応バージョン 2019 2016 2013 365

修正を承諾する

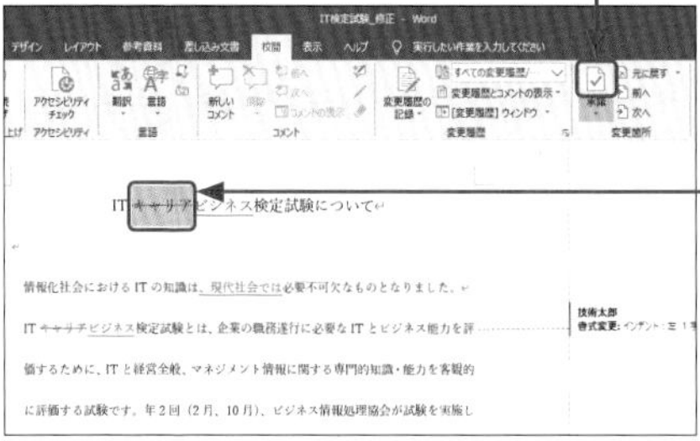
IT検定試験_修正 - Word
ITキャリアビジネス検定試験について
情報化社会における IT の知識は、現代社会では必要不可欠なものとなりました。
IT キャリアビジネス検定試験とは、企業の職務遂行に必要な IT とビジネス能力を評
価するために、IT と経営全般、マネジメント情報に関する専門的知識・能力を客観的
に評価する試験です。年2回（2月、10月）、ビジネス情報処理協会が試験を実施し
技術太郎

1 ＜承諾＞の上をクリックすると、

2 最初の変更箇所が選択されます。

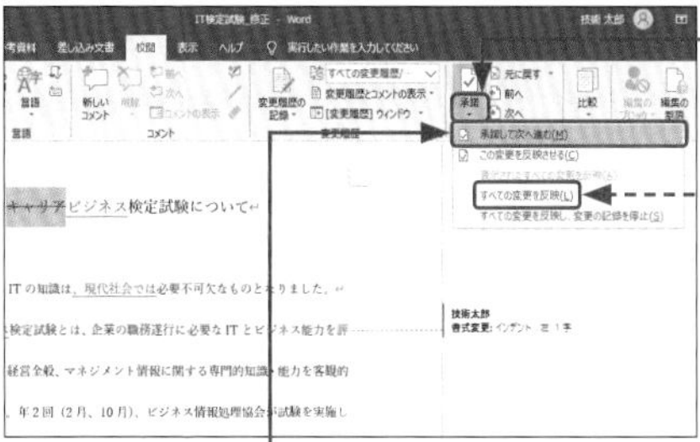
IT検定試験_修正 - Word
承諾して次へ進む(M)
この変更を反映させる(C)
すべての変更を反映(L)
すべての変更を反映し、変更の記録を停止(S)
キャリアビジネス検定試験について

3 変更がOKであれば＜承諾＞の下をクリックして、

すべての変更がOKであれば＜すべての変更を反映＞をクリックします。

4 ＜承諾して次へ進む＞をクリックします（Memo参照）。

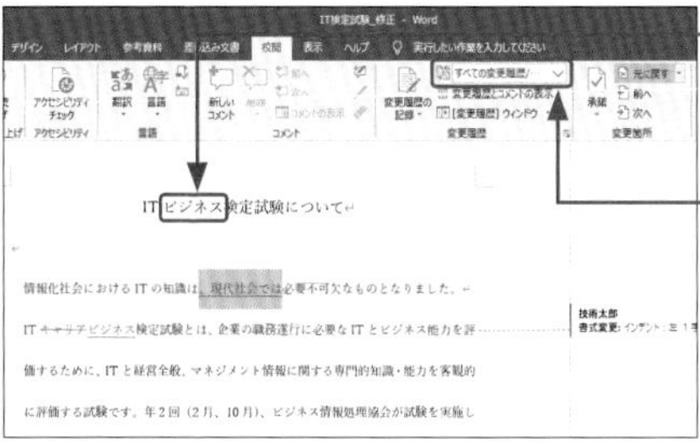
IT検定試験_修正 - Word
ITビジネス検定試験について
情報化社会における IT の知識は、現代社会では必要不可欠なものとなりました。
IT キャリアビジネス検定試験とは、企業の職務遂行に必要な IT とビジネス能力を評
価するために、IT と経営全般、マネジメント情報に関する専門的知識・能力を客観的
に評価する試験です。年2回（2月、10月）、ビジネス情報処理協会が試験を実施し
技術太郎

5 変更が確定されます。

6 次の変更箇所に移動します。

メモ　変更を承諾しない場合

変更したくない場合は、＜元に戻す＞をクリックします。すべての変更をやめたい場合は右の▾をクリックして＜すべての変更を元に戻す＞をクリックします。

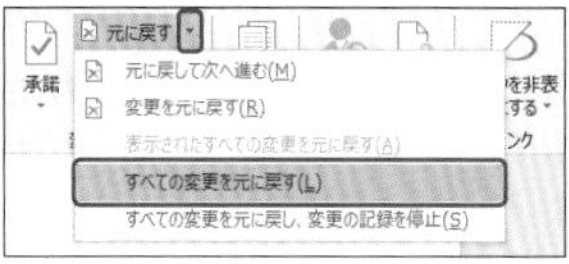
元に戻す
承諾
元に戻して次へ進む(M)
変更を元に戻す(R)
表示されたすべての変更を元に戻す(A)
すべての変更を元に戻す(L)
すべての変更を元に戻し、変更の記録を停止(S)

困った度

Question 31 ほかのWord文書と内容を比較したい

Answer ＜比較＞を利用します。
もとの文書と最終文書で変更箇所がわかります。

1 ＜校閲＞タブの＜比較＞をクリックして、

2 ＜比較＞をクリックします。

3 ＜元の文書＞を指定して、

4 ＜変更された文書＞を選択し、

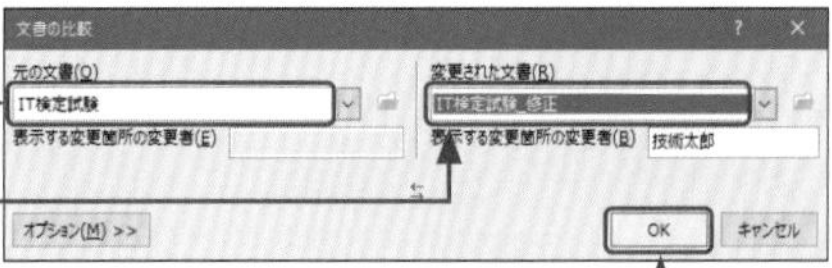

5 ＜OK＞をクリックします。

6 ＜結果の比較＞画面が表示されます。

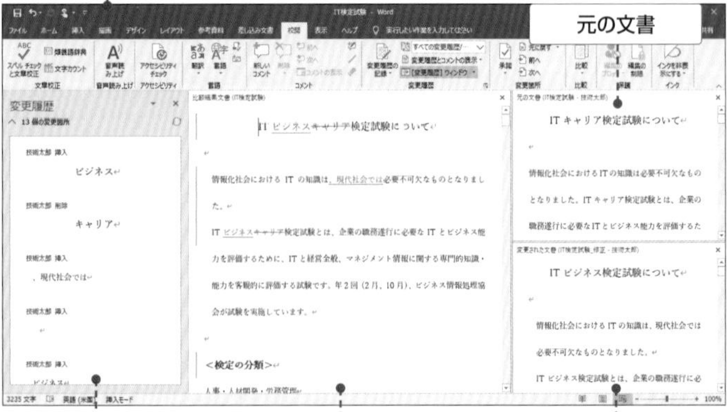

元の文書

変更履歴

比較結果文書

変更された文書

PART 3

文字の装飾で困った!

困った度

Question 01

重要な部分に下線を引きたい

Answer

＜ホーム＞タブの＜下線＞を利用します。
下線の線種や色も変更できます。

1 文字列を選択します。

2 ＜ホーム＞タブをクリックして、

3 ＜下線＞のここをクリックし、

4 下線の種類(ここでは＜二重下線＞)をクリックします。

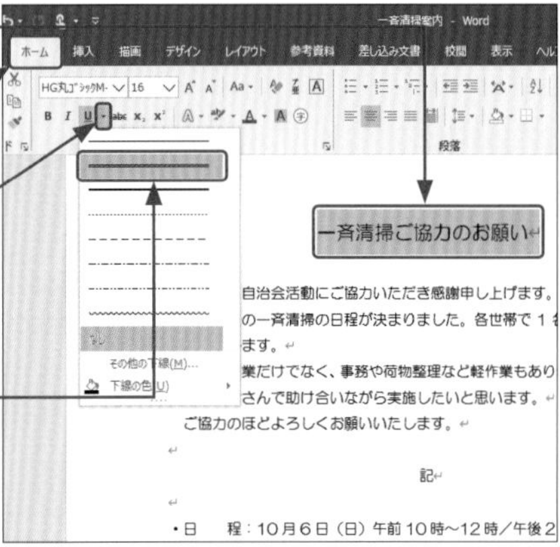

5 下線が引かれます。

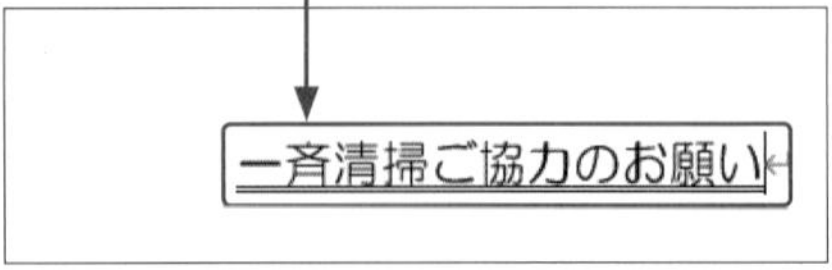

メモ もとに戻すには

下線を設定した文字列を選択して、＜下線＞ U をクリックします。なお、次回下線を設定するまで、この下線が引き継がれます。

参考 下線の色を変更する

下線が引かれた文字列を選択して、手順 4 で＜下線の色＞をクリックし、パレットから色を選択します。

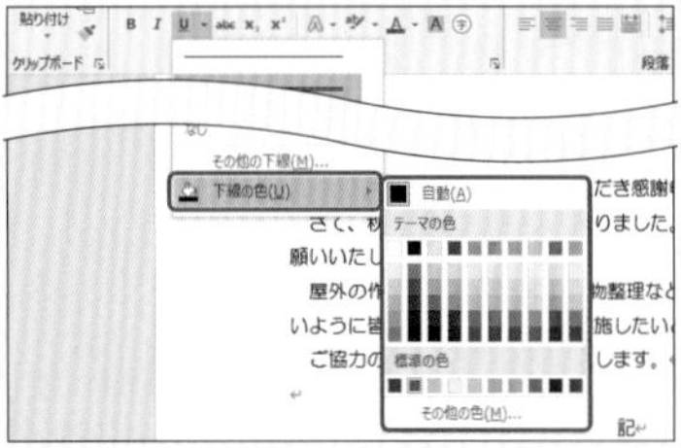

PART 3 文字の装飾で困った！

対応バージョン 2019 2016 2013 365

Question 02

無効な情報に取り消し線を引きたい

Answer ＜ホーム＞タブの＜取り消し線＞を利用します。

1 文字列を選択します。

2 ＜ホーム＞タブをクリックして、

3 ＜取り消し線＞をクリックします。

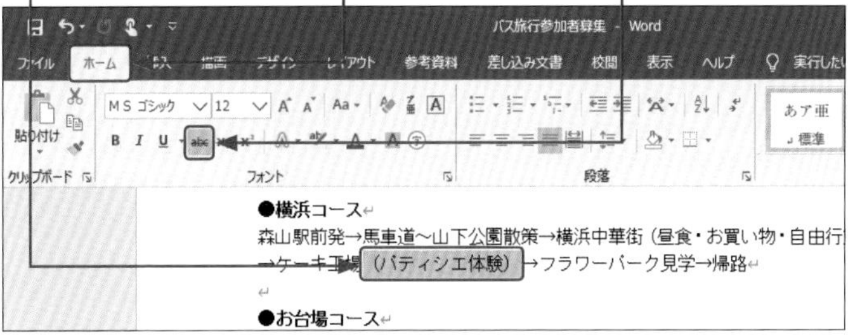

4 取り消し線が引かれます。

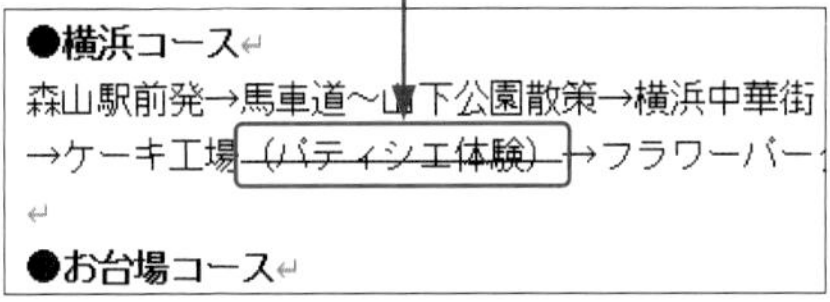

メモ もとに戻すには

取り消し線を設定した文字列を選択して、＜取り消し線＞をクリックします。

参考 二重取り消し線を引く

二重取り消し線を引きたい場合は、文字列を選択して、＜フォント＞グループのをクリックし、＜フォント＞ダイアログボックスを表示します。＜フォント＞タブの＜二重取り消し線＞をクリックしてオンにし、＜OK＞をクリックします。

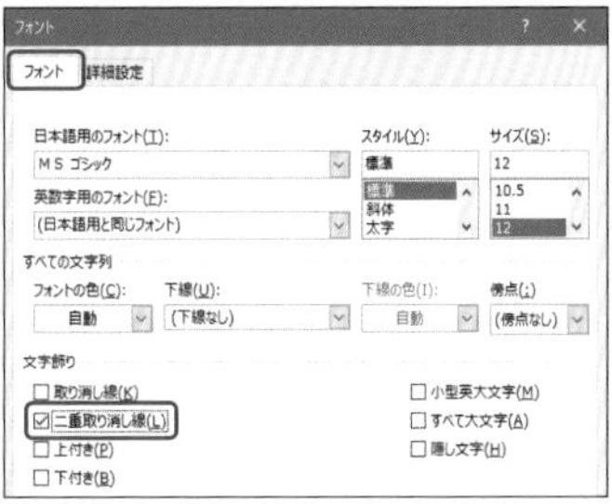

困った度

Question 03

注目させる文字を四角で囲みたい

Answer ＜ホーム＞タブの＜囲み線＞を利用します。

1 文字を選択します。

2 ＜ホーム＞タブをクリックして、

3 ＜囲み線＞をクリックします。

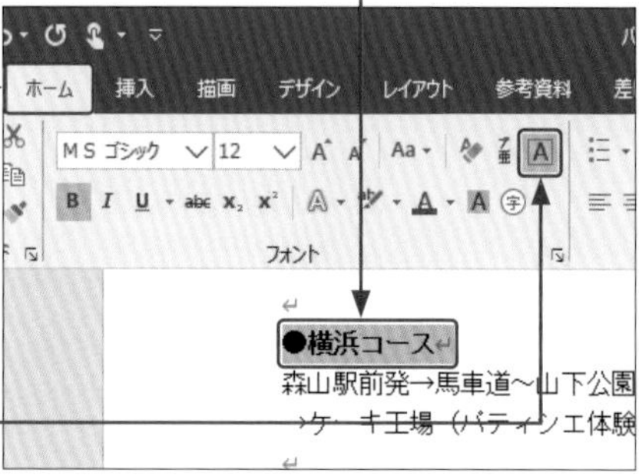
ホーム
挿入
描画
デザイン
レイアウト
参考資料
MS ゴシック
12
フォント
●横浜コース
森山駅前発→馬車道〜山下公園

4 文字が囲まれます。

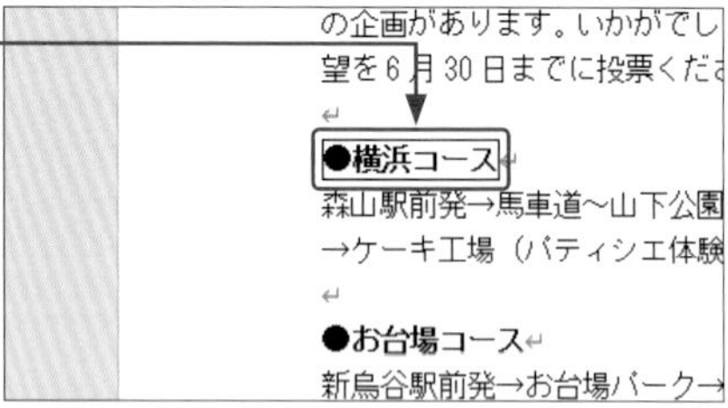
の企画があります。いかがでし
望を6月30日までに投票くださ
●横浜コース
森山駅前発→馬車道〜山下公園
→ケーキ工場（パティシエ体験
●お台場コース
新鳥谷駅前発→お台場パーク→

メモ もとに戻すには

囲み線を設定した文字列を選択して、＜囲み線＞Aをクリックします。

参考 行を選択する

手順1で1文など行を選択すると、行単位で囲み線が付きます。

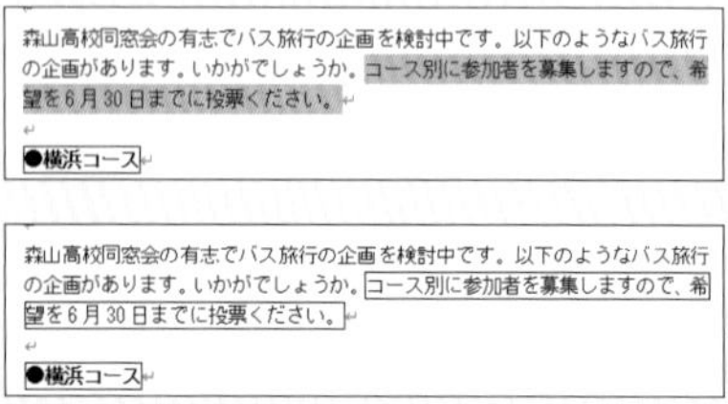
森山高校同窓会の有志でバス旅行の企画を検討中です。以下のようなバス旅行
の企画があります。いかがでしょうか。コース別に参加者を募集しますので、希
望を6月30日までに投票ください。
●横浜コース
森山高校同窓会の有志でバス旅行の企画を検討中です。以下のようなバス旅行
の企画があります。いかがでしょうか。コース別に参加者を募集しますので、希
望を6月30日までに投票ください。
●横浜コース

対応バージョン 2019 2016 2013 365

困った度

Question 04 文字の背景に色を付けたい

Answer ＜ホーム＞タブの＜蛍光ペンの色＞を利用します。

1 文字列を選択します。

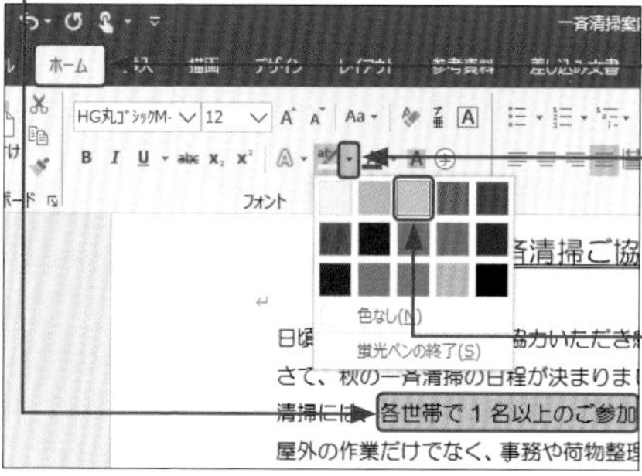
ホーム
HG丸ｺﾞｼｯｸM-
12
フォント
色なし(N)
蛍光ペンの終了(S)
日頃
さて、秋の一斉清掃の日程が決まりまし
清掃には、各世帯で１名以上のご参加
屋外の作業だけでなく、事務や荷物整理

2 ＜ホーム＞タブをクリックして、

3 ＜蛍光ペンの色＞のここをクリックし、

4 色（ここでは＜水色＞）をクリックします。

5 指定した色が付きます。

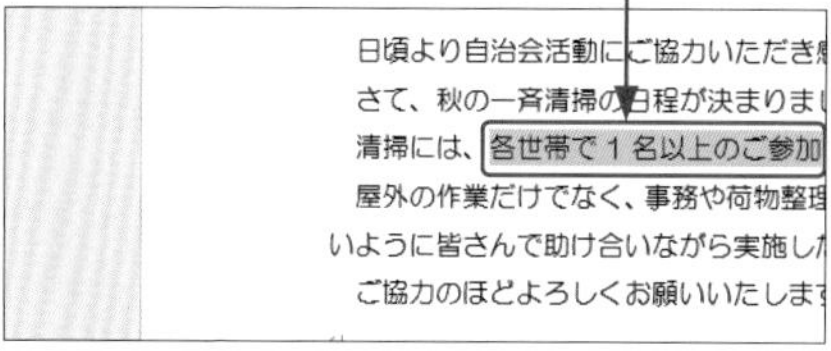
日頃より自治会活動にご協力いただき
さて、秋の一斉清掃の日程が決まりまし
清掃には、各世帯で１名以上のご参加
屋外の作業だけでなく、事務や荷物整理
いように皆さんで助け合いながら実施した
ご協力のほどよろしくお願いいたします

メモ　もとに戻すには

設定した文字を選択して、＜蛍光ペンの色＞をクリックします。

参考　蛍光ペンの色を連続して使う

最初に＜蛍光ペンの色＞で色を選択して、マウスポインターがの形になったら、文字列をドラッグして蛍光ペンを付けます。Esc を押すまで、何個所でも設定できます。

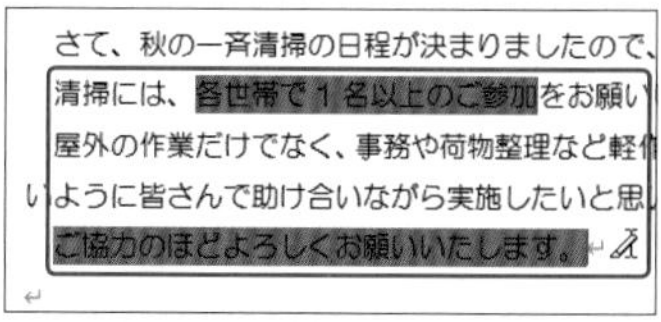
さて、秋の一斉清掃の日程が決まりましたので、
清掃には、各世帯で１名以上のご参加をお願い
屋外の作業だけでなく、事務や荷物整理など軽
いように皆さんで助け合いながら実施したいと思
ご協力のほどよろしくお願いいたします。

対応バージョン 2019 2016 2013 365

困った度

Question 05

文字の背景に網掛けを付けたい

Answer <ホーム>タブの<文字の網掛け>を利用します。

1 文字列を選択します。

2 <ホーム>タブをクリックして、

3 <文字の網掛け>をクリックします。

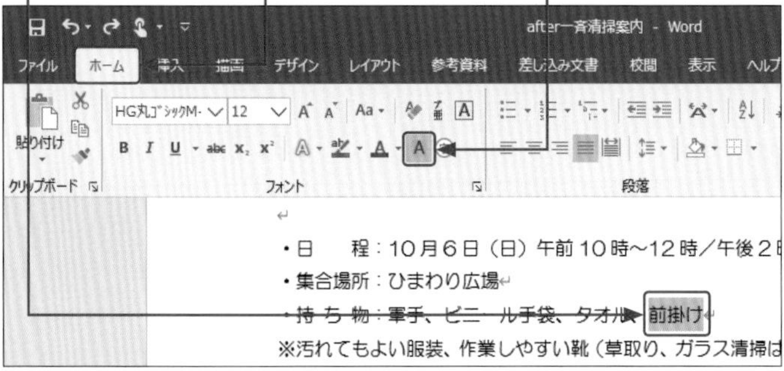

4 網掛けが付きます。

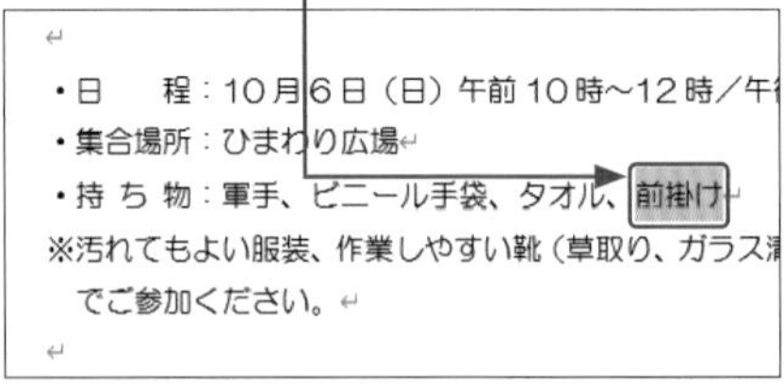

メモ もとに戻すには

文字の網掛けを設定した文字列を選択して、<文字の網掛け> A をクリックします。

メモ 文字の網掛けと蛍光ペンの違い

<文字の網掛け>は文字に対して設定されるもので、網掛けの色は変更できません。<蛍光ペンの色>（P.83参照）は段落（の間隔）に対して設定されるもので、間隔によって高さが変わります。

困った度

Question 06

文字に効果を付けて目立たせたい

Answer ＜ホーム＞タブの＜文字の効果と体裁＞を利用します。影やぼかしなどを設定できます。

1 文字列を選択します。

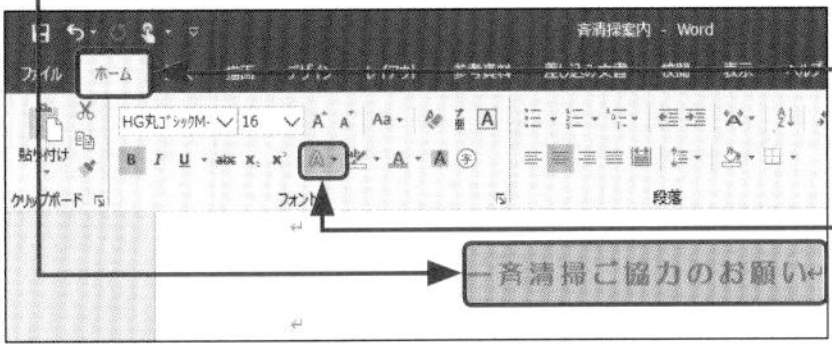

2 ＜ホーム＞タブをクリックして、

3 ＜文字の効果と体裁＞をクリックします。

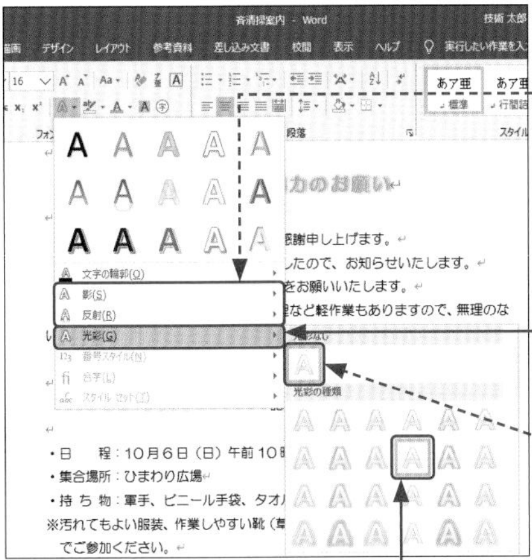

＜影＞や＜反射＞も同様に設定できます。

4 効果（ここでは＜光彩＞にマウスポインターを合わせて、

「参考」参照

5 種類をクリックします。

6 効果が付きます。

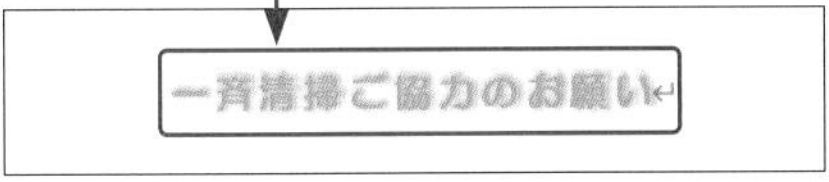

参考 設定を解除する

＜光彩＞のほか、＜影＞や＜反射＞などの効果を設定した文字列を選択して、それぞれのメニューの先頭にある＜（効果）なし＞をクリックすると解除できます。

Question 07

複数の文字を組み文字として表示させたい

Answer ＜拡張書式＞で組み文字に変換します。

1 組み文字にする文字を選択します。

2 ＜ホーム＞タブをクリックして、

3 ＜拡張書式＞をクリックし、

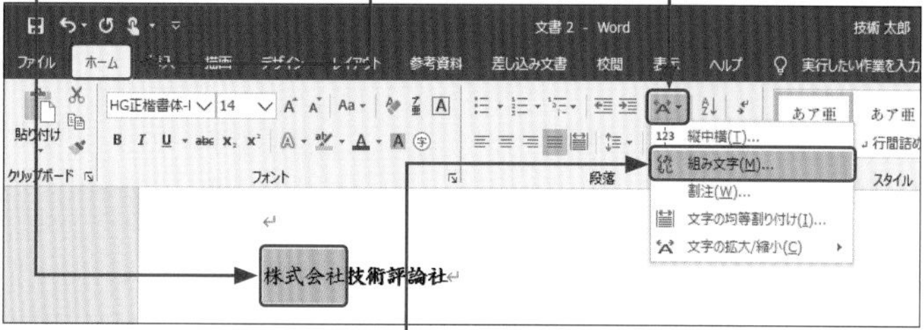

4 ＜組み文字＞をクリックします。

5 文字を確認して、

6 ＜OK＞をクリックします。

ここでフォントやサイズを変更できます。

メモ 文字数の制限

組み文字にできる文字数は6文字以内です。英数字でも作成できます。

7 組み文字になります。

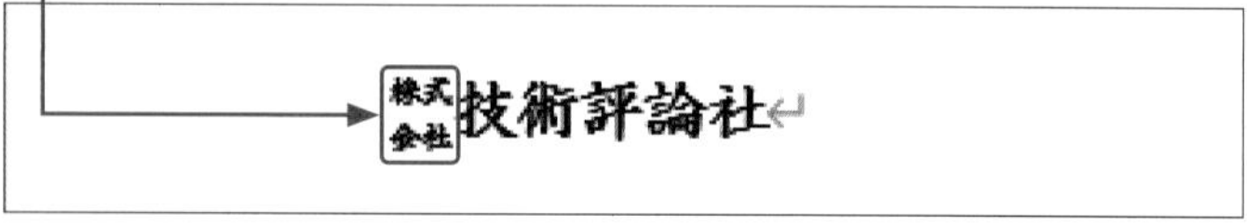

困った度

Question 08

上付き文字／下付き文字を入力したい

Answer ＜ホーム＞タブの＜上付き＞／＜下付き＞を利用します。

1 下付きにする文字列を選択します。

2 ＜ホーム＞タブをクリックして、

3 ＜下付き＞をクリックします。

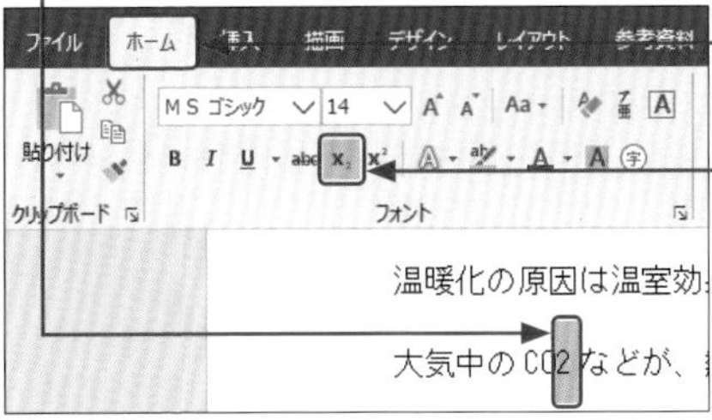

4 文字が下付きになります。

メモ　解除するには

設定した文字を選択して、＜上付き＞、＜下付き＞をクリックします。

5 上付きにする文字列を選択します。

6 ＜上付き＞をクリックすると、

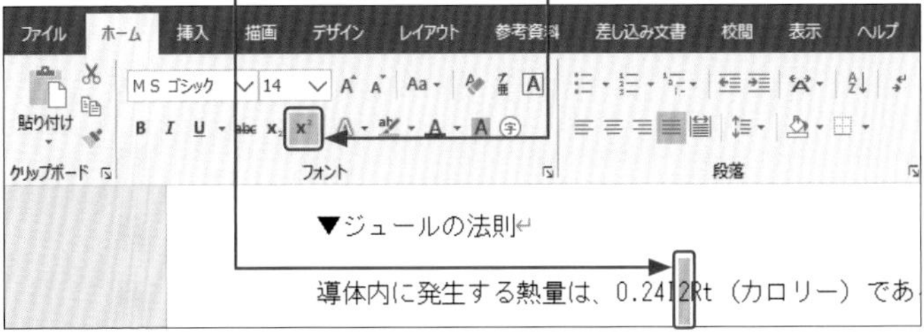

7 文字が上付きになります。

▶ 対応バージョン 2019 2016 2013 365

Question 09

文字にふりがなを振りたい

Answer <ホーム>タブの<ルビ>を利用します。

1 文字列を選択します。

2 <ホーム>タブをクリックして、

3 <ルビ>をクリックします。

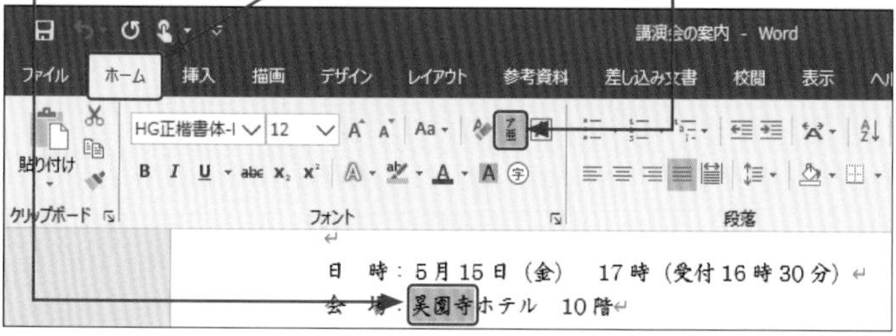

4 ルビ（ふりがな）を確認して、誤っている場合は修正します。

5 <OK>をクリックします。

6 ルビが設定されます。

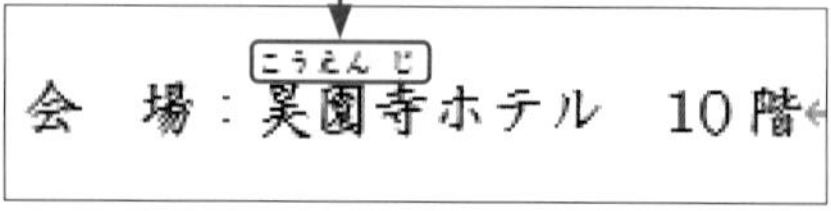

メモ ルビを解除する

ルビを設定した文字を選択して、<ルビ>をクリックし、<ルビ>ダイアログボックスの<ルビの解除>をクリックします。

対応バージョン 2019 2016 2013 365

困った度

Question 10

ふりがなの書式を変更したい

Answer <ルビ>ダイアログボックスで、フォントやサイズを変更します。

1 ルビを設定した文字列を選択して、<ルビ>ダイアログボックスを表示します（P.88参照）。

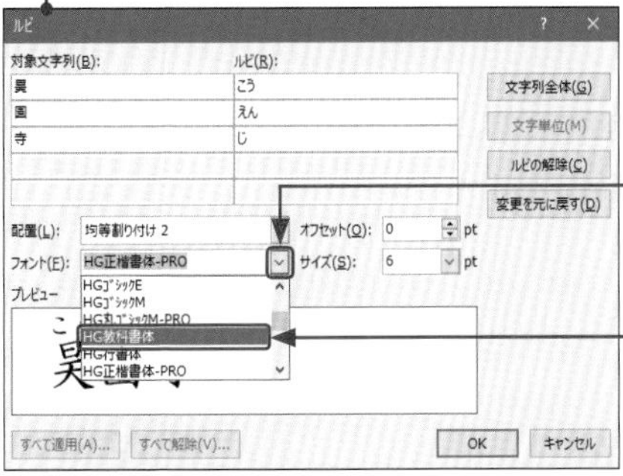

2 <フォント>のここをクリックして、

3 目的のフォントをクリックします。

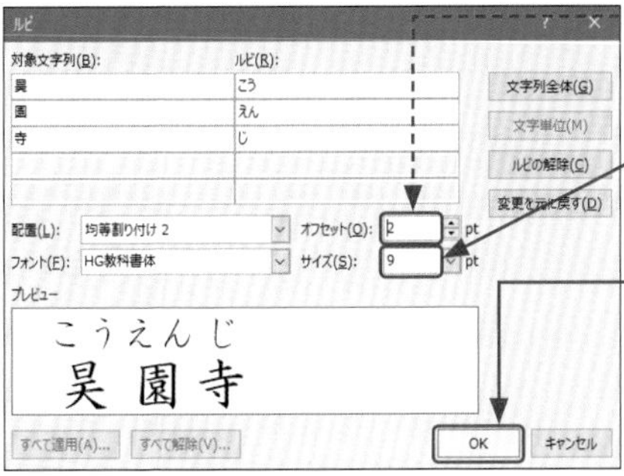

「参考」参照

4 同様に、<サイズ>で目的のサイズを指定します。

5 <OK>をクリックします。

6 ふりがなの書式が変更されます。

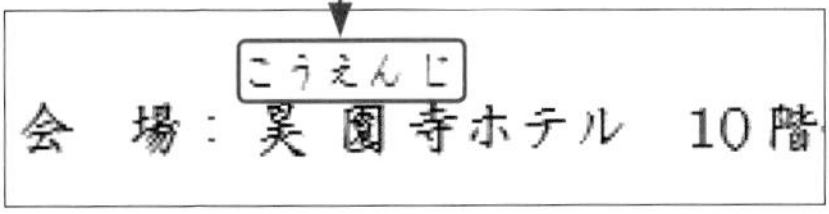

参考 **オフセットの指定**

オフセットは、対象文字列とふりがなとの間隔のことです。フォントを大きくすると、文字列にくっついてしまうため、間隔を空けるように指定します。

困った度 ☹☹☹☹

Question 11

書式をコピーして使い回したい

Answer ＜ホーム＞タブの＜書式のコピー＞を利用します。繰り返してコピーすることも可能です。

1 書式が設定された文字列を選択します。

2 ＜ホーム＞タブをクリックして、

3 ＜書式のコピー＞をクリックします。

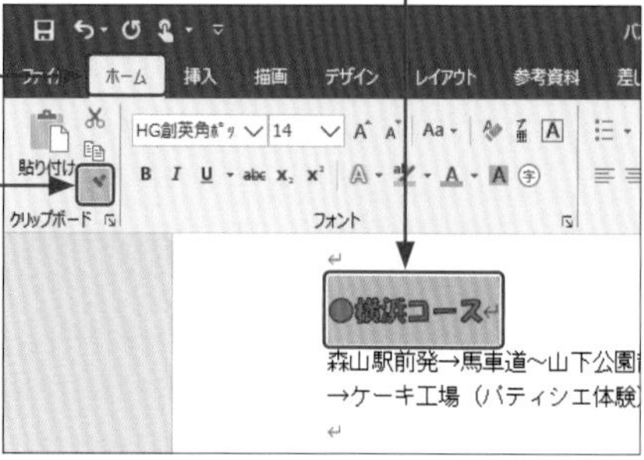

4 マウスポインターが🖌Iに変わるので、設定したい文字列をドラッグします。

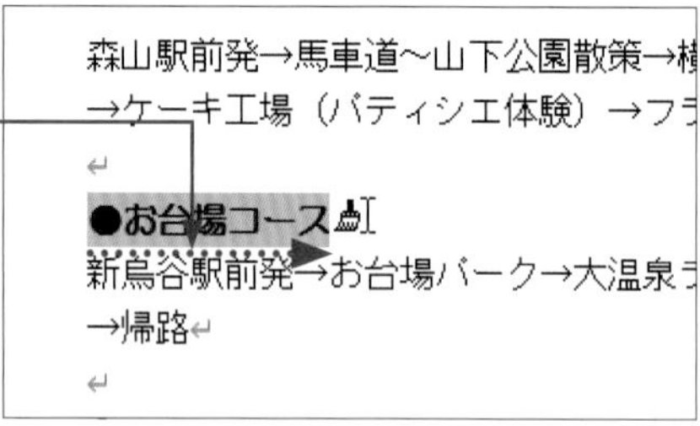

参考 繰り返して利用するには

＜書式のコピー＞🖌をダブルクリックすると、繰り返してコピーできます。解除するには、＜書式のコピー＞🖌をクリックするか、Escを押します。

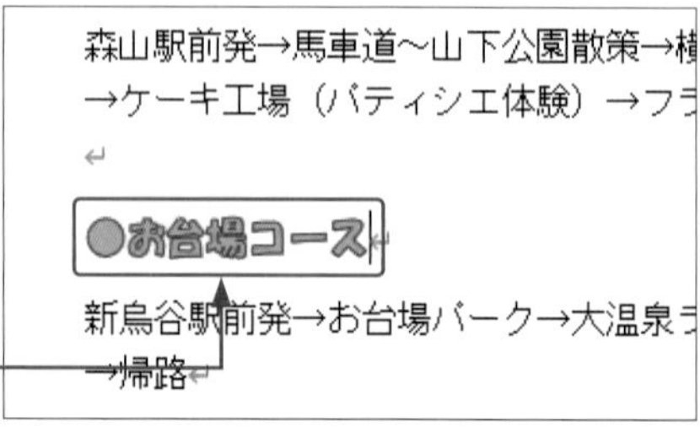

5 書式が同じになります。

PART 3 文字の装飾で困った!

対応バージョン 2019 2016 2013 365

困った度

Question 12

離れた場所にある文字を一度に修飾したい

Answer Ctrl を押しながら文字を選択します。選択された状態で書式設定ができます。

複数の文字列を斜体（イタリック）にします。

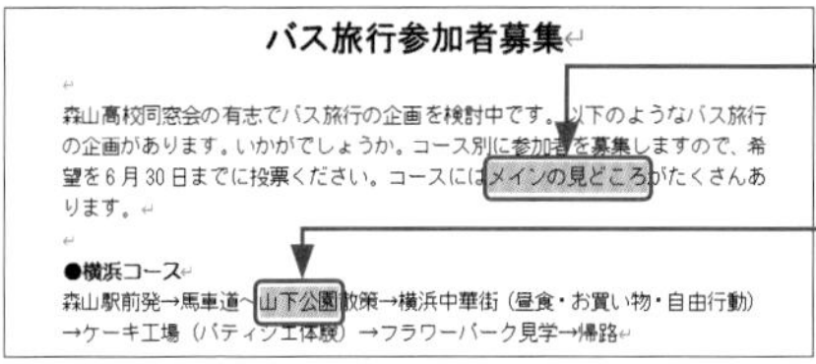

1 文字列をドラッグして選択して、

2 Ctrlを押したまま次の文字列をドラッグします。

3 そのまま、ほかの文字列を選択します。

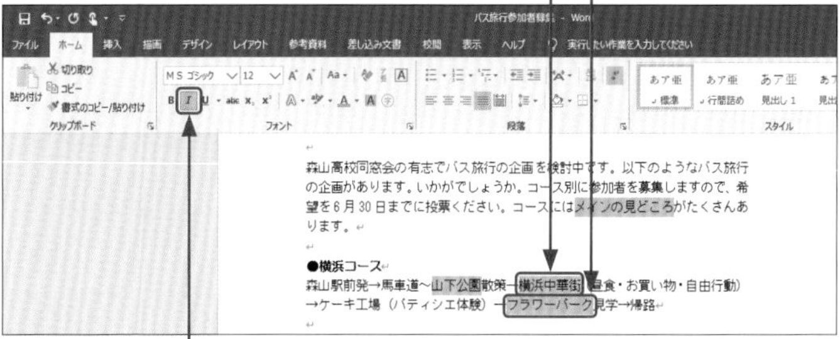

4 <ホーム>タブの<斜体>をクリックします。

5 選択した文字列がすべて変更されます。

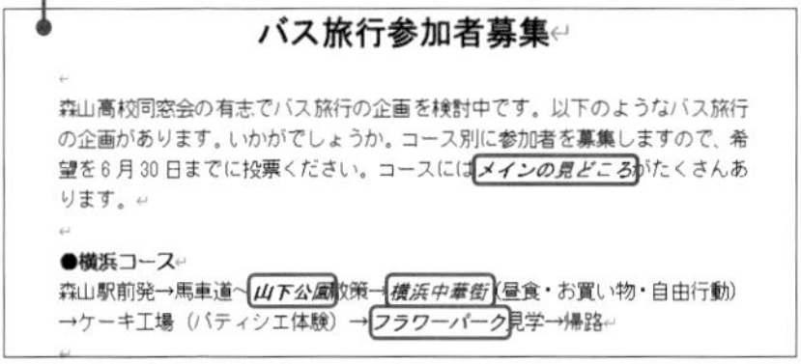

メモ 複数個所の同時選択

Ctrlを押すと複数の文字列を選択できます。選択した状態であれば、さまざまな書式の変更が同時に可能です。

対応バージョン 2019 2016 2013 365

困った度

Question 13

書式をスタイルとして登録したい

Answer <スタイルの作成>で名前を付けて登録します。

1 書式を設定した段落を選択します。

2 <ホーム>タブの<スタイル>のここをクリックして、

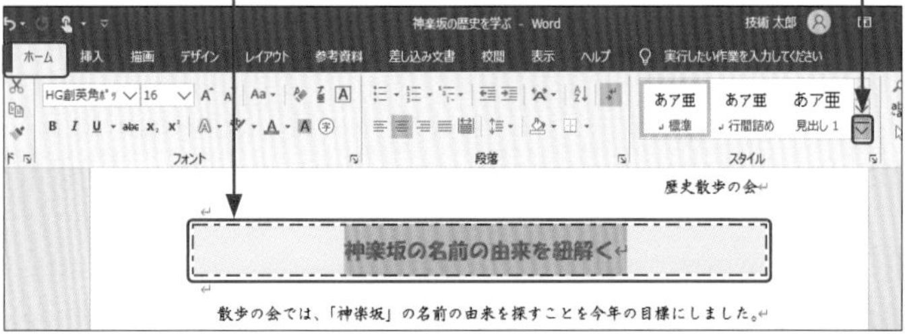

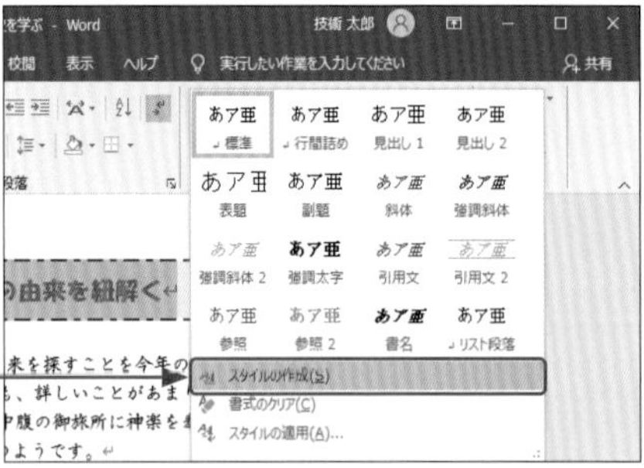

3 <スタイルの作成>をクリックします。

4 スタイル名を入力して、

5 <OK>をクリックします。

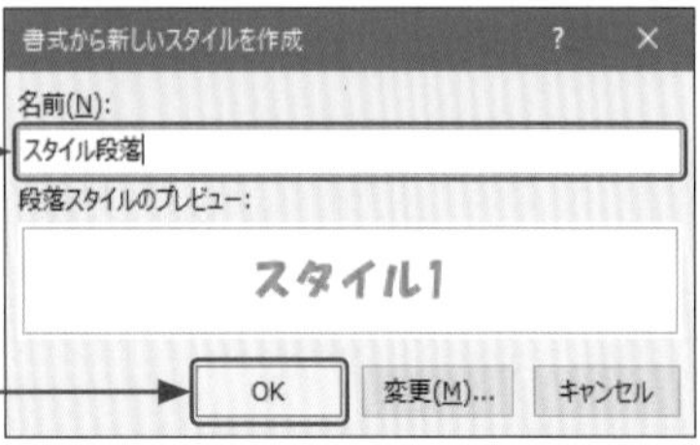

PART 3 文字の装飾で困った！

対応バージョン 2019 2016 2013 365

スタイルが登録されます。

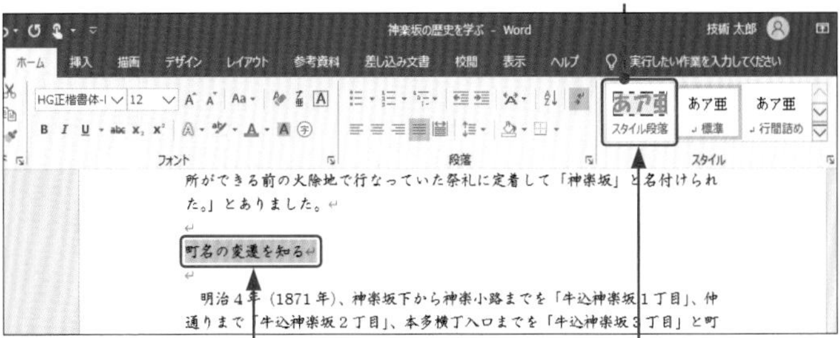

6 ほかの段落を選択して、

7 登録したスタイルをクリックすると、

8 スタイルが適用されます。

メモ　登録したスタイルの内容と変更

スタイルを右クリックして、＜変更＞をクリックすると、＜スタイルの変更＞画面が表示されます。この画面で、登録したスタイルの内容を確認・変更できます。

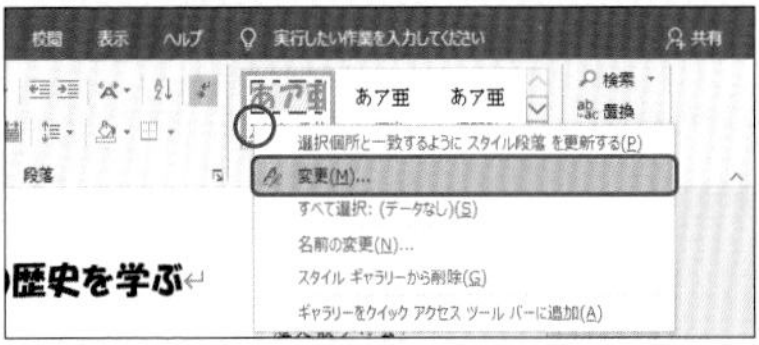

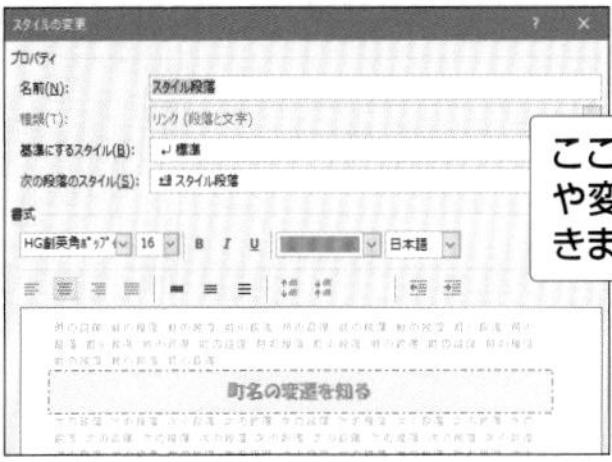

ここで確認や変更ができます。

参考　スタイルの削除

スタイルを右クリックして、＜タイルギャラリーから削除＞をクリックすると、ギャラリーから削除されます。ただし、スタイルとしての登録は残っています。スタイル自体を削除するには、＜スタイル＞作業ウィンドウ（P.94参照）でスタイルの▾をクリックして、＜(スタイル名)の削除＞をクリックします。

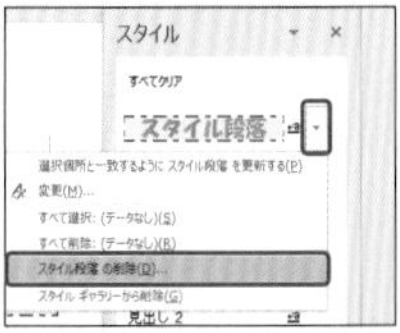

困った度 😖😖😖😖😖

Question 14 登録したスタイルを別の文書でも利用したい

Answer スタイルをエクスポートして、別の文書にインポートします。

1 新しい文書を開き、＜ホーム＞タブの＜スタイル＞のここをクリックします。

2 ＜スタイル＞作業ウィンドウが表示されます。

3 ＜スタイルの管理＞をクリックして、

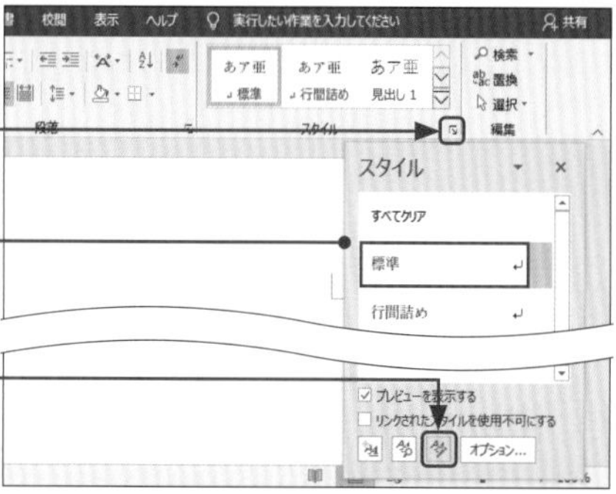

4 ＜インポート／エクスポート＞をクリックします。

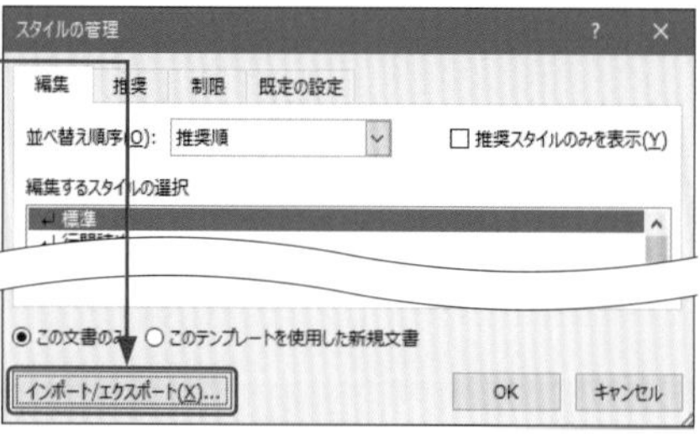

メモ インポート元を指定する

手順4のあと、「コピー元」には「Nomal」が設定されます。手順5、6でもとになるファイルを指定し直します。

5 「コピー元：Normal」の＜ファイルを閉じる＞をクリックして、

PART 3 文字の装飾で困った！

対応バージョン 2019 2016 2013 365

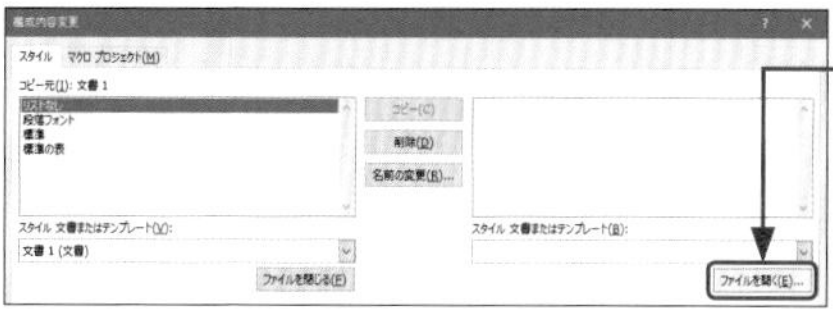

6 <ファイルを開く>をクリックします。

7 <Word文書>(または<すべてのファイル>)を指定して、

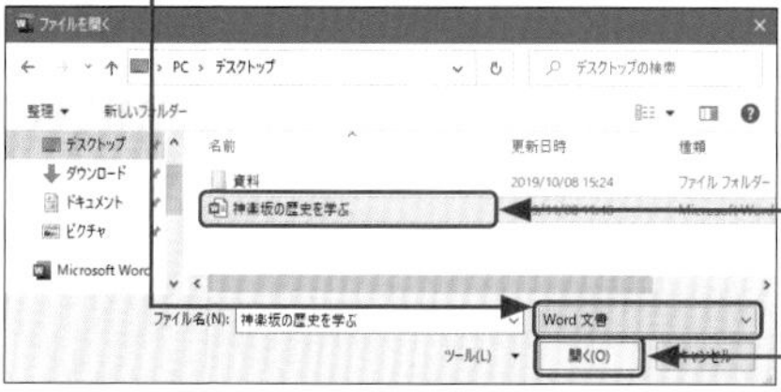

8 インポート元のファイルをクリックして、

9 <開く>をクリックします。

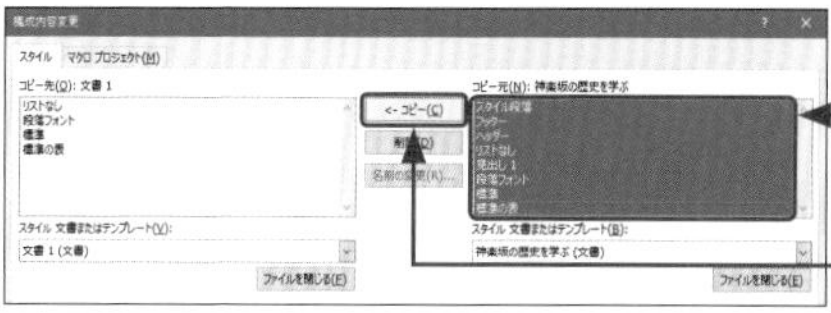

10 すべてのスタイルを選択して、

11 <コピー>をクリックします。

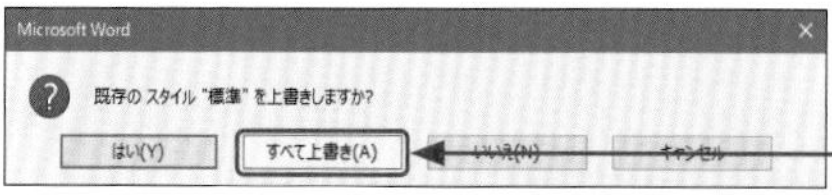

12 <すべて上書き>をクリックすると、

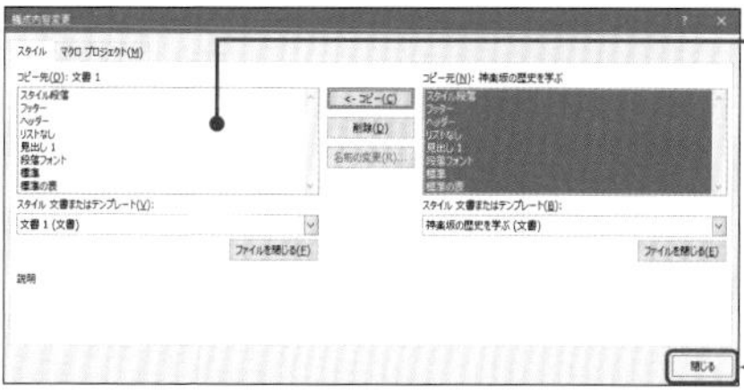

13 コピーされます。

14 <閉じる>をクリックします。

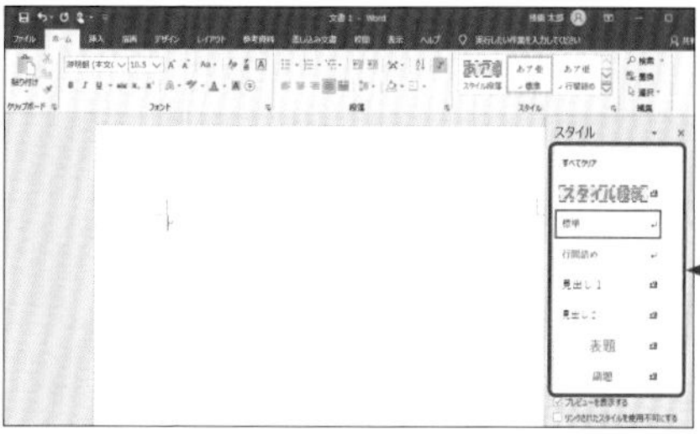

15 スタイルがインポートされます。

困った度

Question 15

文書にスタイルを適用したい

Answer

Wordには、文書全体をデザインしたスタイルセットが用意されています。

1 適用したい見出しを選択して、

2 ＜ホーム＞タブのスタイル（ここでは＜見出し1＞）をクリックすると、適用されます。

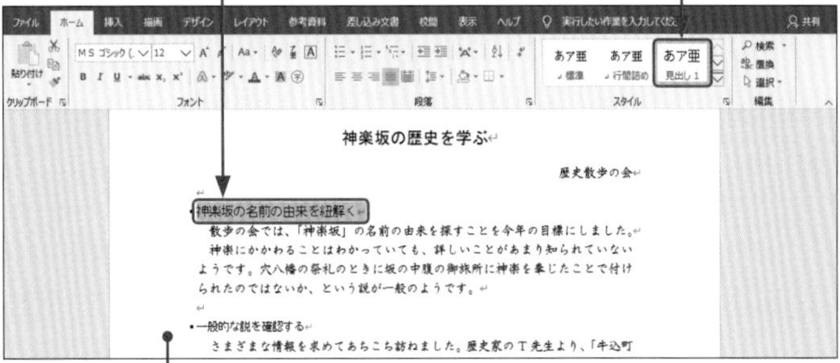

ファイル
ホーム
挿入
描画
デザイン
レイアウト
参考資料
差し込み文書
校閲
表示
ヘルプ
あア亜
標準
行間詰め
見出し 1
スタイル
神楽坂の歴史を学ぶ
歴史散歩の会
神楽坂の名前の由来を紐解く
散歩の会では、「神楽坂」の名前の由来を探すことを今年の目標にしました。
神楽にかかわることはわかっていても、詳しいことがあまり知られていないようです。穴八幡の祭礼のときに坂の中腹の御旅所に神楽を奉じたことで付けられたのではないか、という説が一般のようです。
一般的な説を確認する
さまざまな情報を求めてあちこち訪ねました。歴史家のT先生より、「牛込町

3 ほかの見出しや段落にもスタイルを適用します。

4 ＜デザイン＞タブをクリックして、

5 デザインをクリックすると、

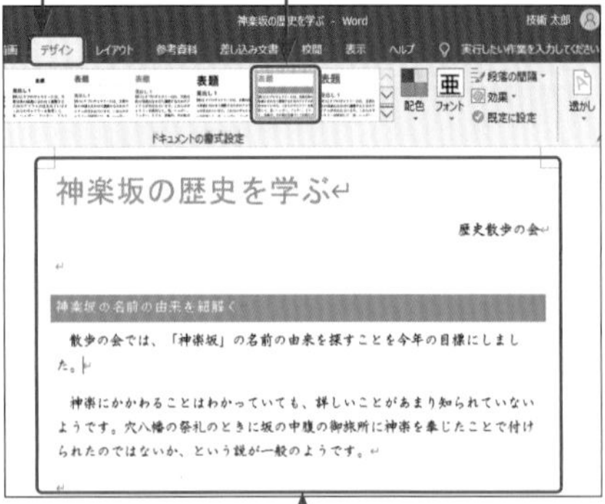

神楽坂の歴史を学ぶ - Word
デザイン
ドキュメントの書式設定
配色
フォント
段落の間隔
効果
既定に設定
透かし
神楽坂の歴史を学ぶ
歴史散歩の会
神楽坂の名前の由来を紐解く
散歩の会では、「神楽坂」の名前の由来を探すことを今年の目標にしました。
神楽にかかわることはわかっていても、詳しいことがあまり知られていないようです。穴八幡の祭礼のときに坂の中腹の御旅所に神楽を奉じたことで付けられたのではないか、という説が一般のようです。

6 スタイルセットが適用されます。

メモ スタイルとスタイルセット

見出しや本文などのスタイルを個別に設定しておくと、Wordに用意されているスタイルセットを適用できます。デザインするのが面倒なときなど、全体をデザインできるので便利です。

困った度

Question 16

設定した書式をまとめて解除したい

Answer ＜すべての書式をクリア＞で既定のフォント、フォントサイズに戻ります。

1 Ctrl＋Aを押して、文書全体を選択します。

2 ＜ホーム＞タブをクリックして、

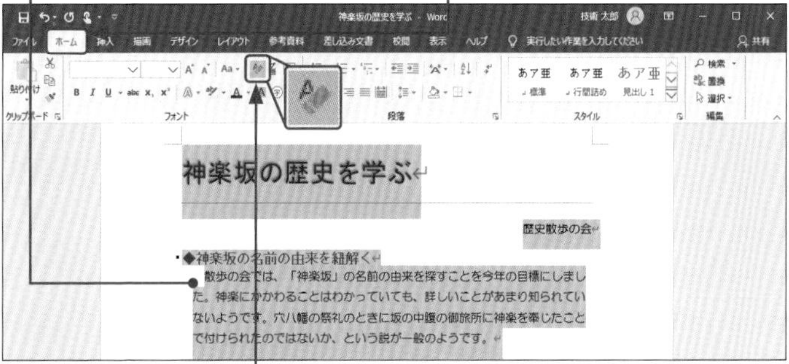
神楽坂の歴史を学ぶ - Word
技術 太郎
ファイル ホーム 挿入 描画 デザイン レイアウト 参考資料 差し込み文書 校閲 表示 ヘルプ 実行したい作業を入力してください 共有
貼り付け
クリップボード
フォント
段落
スタイル
編集
神楽坂の歴史を学ぶ
歴史散歩の会
◆神楽坂の名前の由来を紐解く
散歩の会では、「神楽坂」の名前の由来を探すことを今年の目標にしました。神楽にかかわることはわかっていても、詳しいことがあまり知られていないようです。穴八幡の祭礼のときに坂の中腹の御旅所に神楽を奉じたことで付けられたのではないか、という説が一般のようです。

3 ＜すべての書式をクリア＞をクリックすると、

4 書式が解除されます。

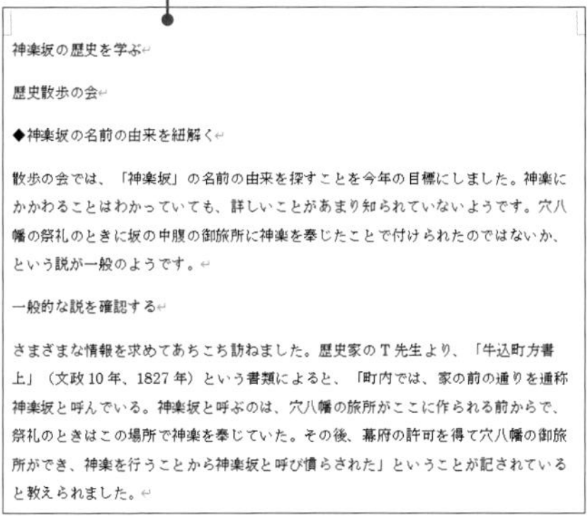

神楽坂の歴史を学ぶ

歴史散歩の会

◆神楽坂の名前の由来を紐解く

散歩の会では、「神楽坂」の名前の由来を探すことを今年の目標にしました。神楽にかかわることはわかっていても、詳しいことがあまり知られていないようです。穴八幡の祭礼のときに坂の中腹の御旅所に神楽を奉じたことで付けられたのではないか、という説が一般のようです。

一般的な説を確認する

さまざまな情報を求めてあちこち訪ねました。歴史家のT先生より、「牛込町方書上」（文政10年、1827年）という書類によると、「町内では、家の前の通りを通称神楽坂と呼んでいる。神楽坂と呼ぶのは、穴八幡の旅所がここに作られる前からで、祭礼のときはこの場所で神楽を奉じていた。その後、幕府の許可を得て穴八幡の御旅所ができ、神楽を行うことから神楽坂と呼び慣らされた」ということが記されていると教えられました。

メモ 書式の解除

この手順では、設定したフォントやフォントサイズ、太字、文字の網掛けなどの書式が解除されます。標準のフォント、フォントサイズについては、P.98を参照してください。なお、＜蛍光ペンの色＞や段組みなどの設定は解除されないため、個別に解除する必要があります。

対応バージョン 2019 2016 2013 365

困った度

Question 17

標準のフォント・文字サイズを変更したい

Answer <フォント>ダイアログボックスで既定として設定します。

1 <ホーム>タブをクリックして、

2 <フォント>のここをクリックします。

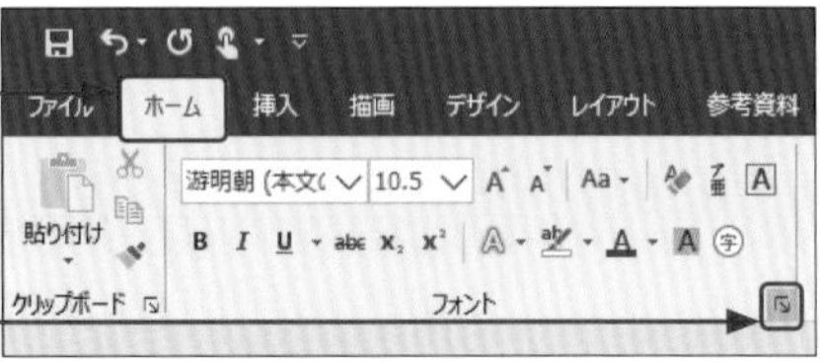

3 <フォント>ダイアログボックスを表示します。

4 フォントやサイズ、色などを設定して、

5 <既定に設定>をクリックします。

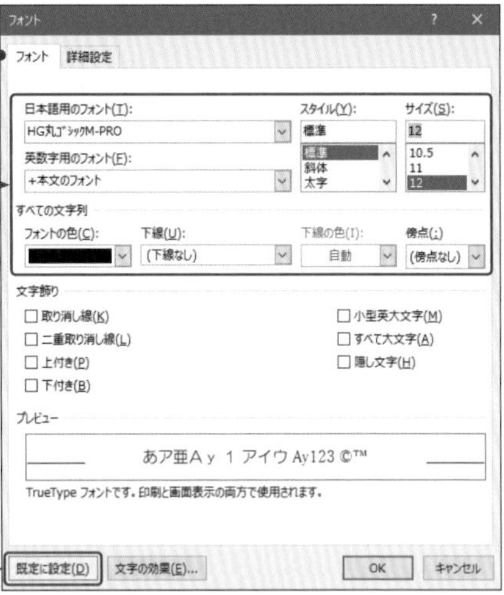

メモ 既定のフォント／フォントサイズ

変更した既定をもとに戻したい場合は、<フォント>ダイアログボックスで右の表のとおりに設定し直して、<既定に設定>をクリックします。

フォント	游明朝
スタイル	標準
サイズ	10.5pt
フォントの色	自動

対応バージョン 2019 2016 2013 365

PART 4

文書のレイアウトで困った！

Question 01

1ページあたりの行数や文字数を設定したい

Answer ＜ページ設定＞ダイアログボックスを利用します。

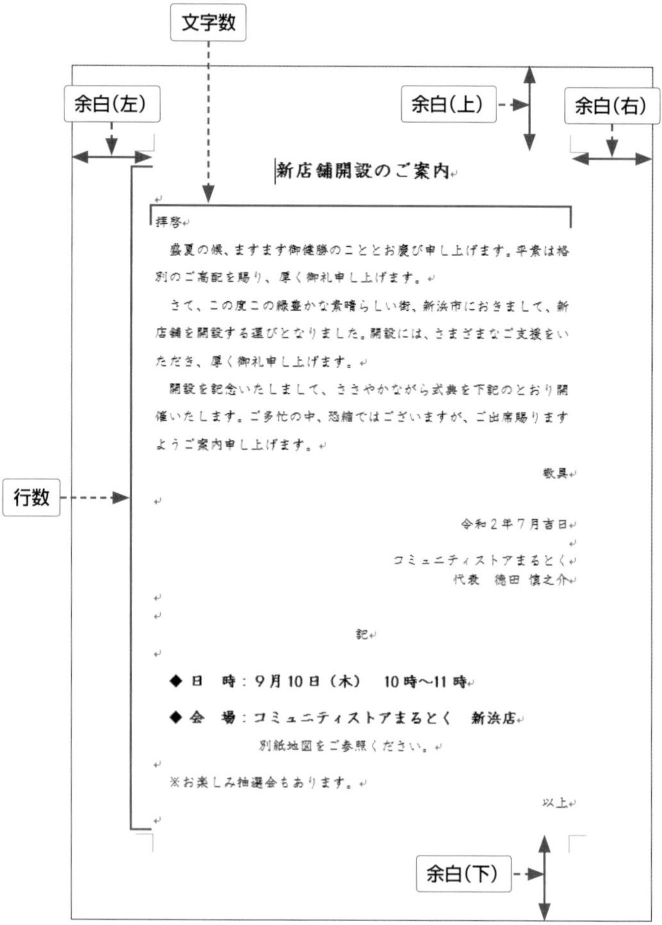
文字数
余白(左)
余白(上)
余白(右)
新店舗開設のご案内
拝啓
盛夏の候、ますます御健勝のこととお慶び申し上げます。平素は格別のご高配を賜り、厚く御礼申し上げます。
さて、この度この緑豊かな素晴らしい街、新浜市におきまして、新店舗を開設する運びとなりました。開設には、さまざまなご支援をいただき、厚く御礼申し上げます。
開設を記念いたしまして、ささやかながら式典を下記のとおり開催いたします。ご多忙の中、恐縮ではございますが、ご出席賜りますようご案内申し上げます。
敬具
行数
令和2年7月吉日
コミュニティストアまるとく
代表　徳田 慎之介
記
◆日　時：9月10日（木）　10時～11時
◆会　場：コミュニティストアまるとく　新浜店
別紙地図をご参照ください。
※お楽しみ抽選会もあります。
以上
余白(下)

1 <レイアウト>タブ(Word 2013では<ページレイアウト>タブ)をクリックして、

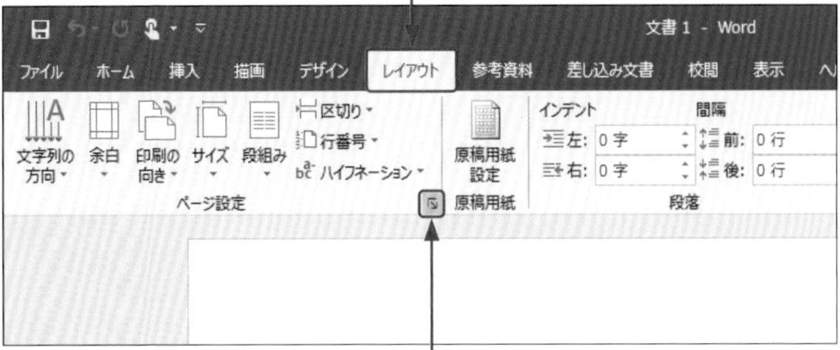

2 <ページ設定>のここをクリックします。

3 <ページ設定>ダイアログボックスが表示されます。

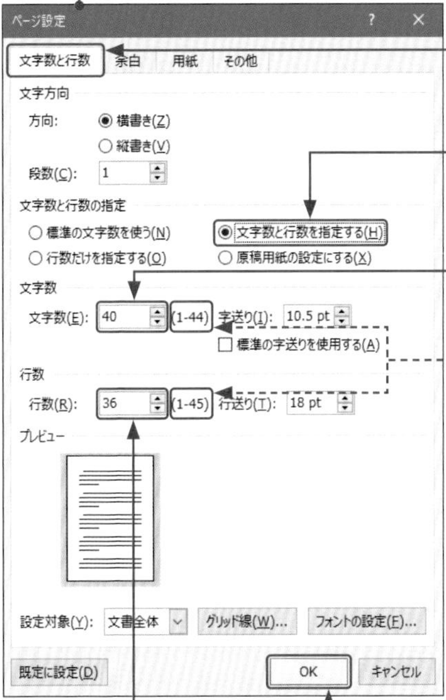

4 <文字数と行数>をクリックして、

5 <文字数と行数を指定する>をクリックしてオンにし、

6 1行の文字数を変更します。

「メモ」参照

メモ **文字数と行数を増やす**

文字数や行数は、指定された範囲内で設定します。範囲以上に増やしたい場合は、<余白>(P.102参照)を狭めます。

7 1ページの行数を変更して、

8 <OK>をクリックします。

困った度

Question 02

ページの上下左右の余白を減らしたい

Answer ＜レイアウト＞タブや＜ページ設定＞ダイアログボックスの＜余白＞を利用します。

＜レイアウト＞タブを利用する

1 ＜レイアウト＞タブ（Word 2013では＜ページレイアウト＞タブ）をクリックして、

2 ＜余白＞をクリックし、

3 ＜やや狭い＞をクリックします。

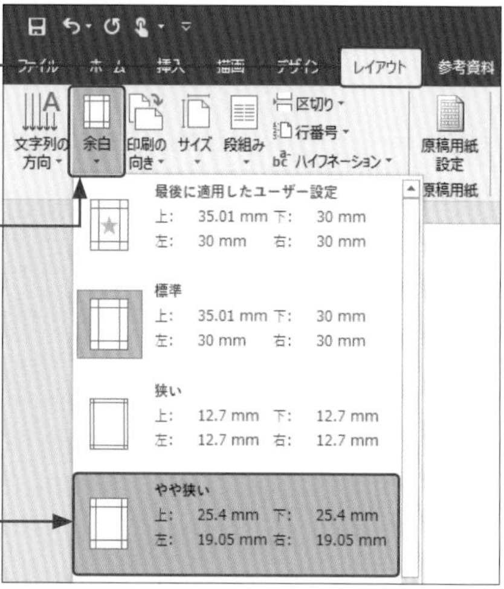

＜ページ設定＞ダイアログボックスを利用する

1 P.101の方法で＜ページ設定＞ダイアログボックスを表示します。

2 ＜余白＞をクリックして、

3 上下左右の余白を設定します。

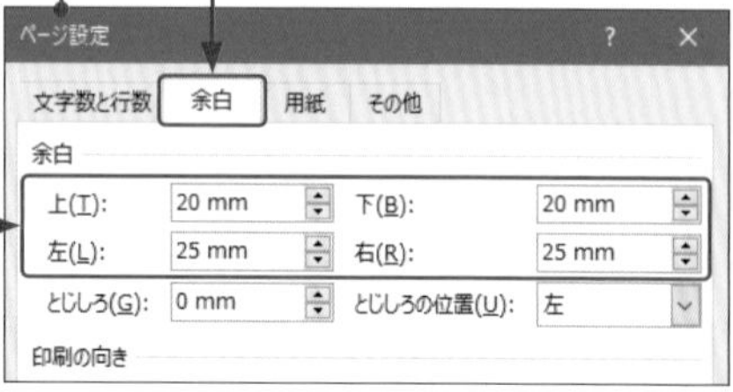

困った度

Question 03

任意の位置から後ろを次のページに送りたい

Answer 改ページを挿入します。

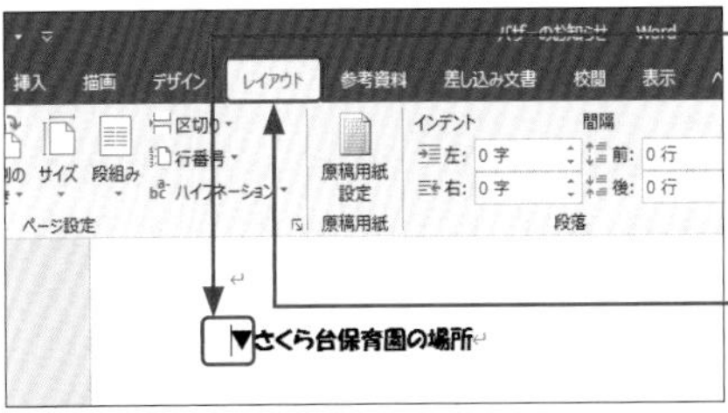

1 改ページにしたい位置にカーソルを移動します。

2 <レイアウト>タブ（Word 2013では<ページレイアウト>タブ）をクリックして、

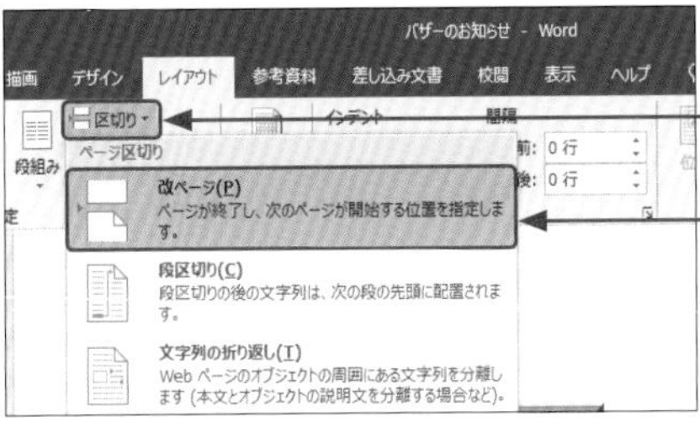

3 <区切り>をクリックし、

4 <改ページ>をクリックします。

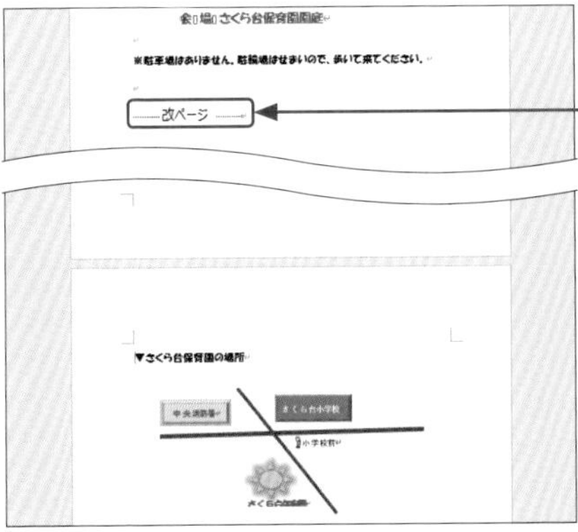

5 改ページ記号（P.130参照）が挿入されて、改ページされます。

メモ 改ページの解除

改ページを解除するには、改ページ記号を選択して Delete を押します。

PART 4 文書のレイアウトで困った！

対応バージョン 2019 2016 2013 365

Question 04

ページごとにレイアウトを変更したい

Answer
ページをセクションで区切り、
セクションを対象にレイアウトを設定します。

用紙サイズA4で次ページ以降をB5にします。

1 区切りたい位置にカーソルを移動します。

2 <レイアウト>タブ（Word 2013では<ページレイアウト>タブ）の<区切り>をクリックして、

3 <次のページから開始>をクリックします。

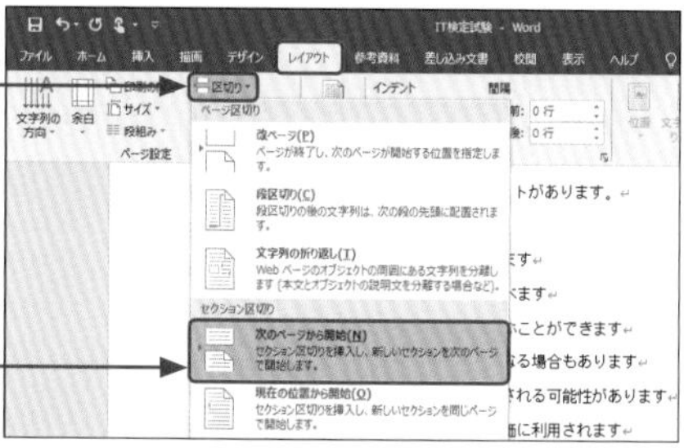

4 セクションが区切られました。

5 <ページ設定>ダイアログボックス（P.101参照）の<用紙>タブを表示します。

6 <用紙サイズ>を<B5>にして、

7 <このセクション>にし、

8 <OK>をクリックします。

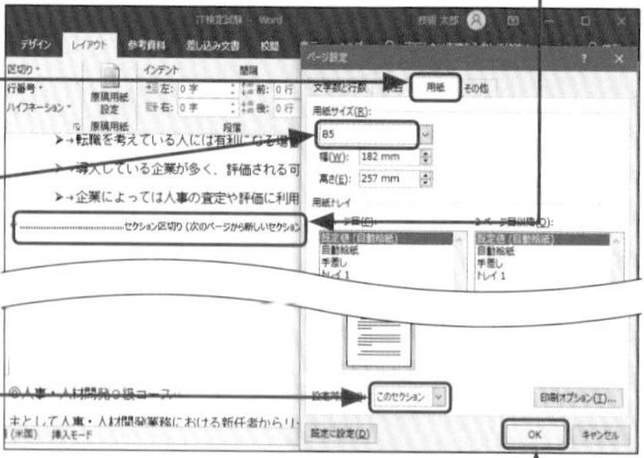

9 次ページ以降がB5になります。

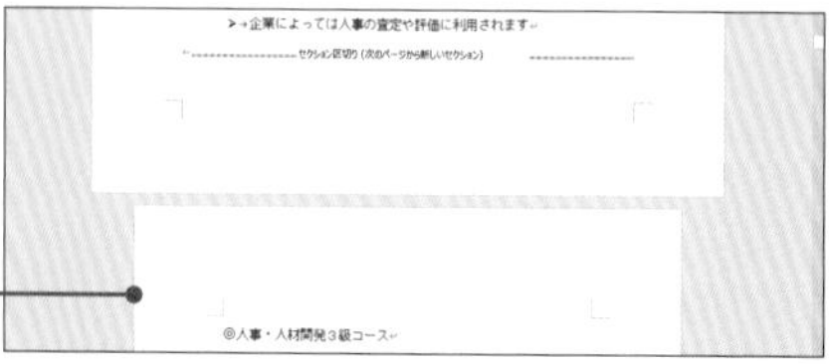

困った度

Question 05

ページの途中で レイアウトを変更したい

Answer レイアウトを変更したい位置でセクションを区切ります。

縦向きの用紙を文書の途中で横向きにします。

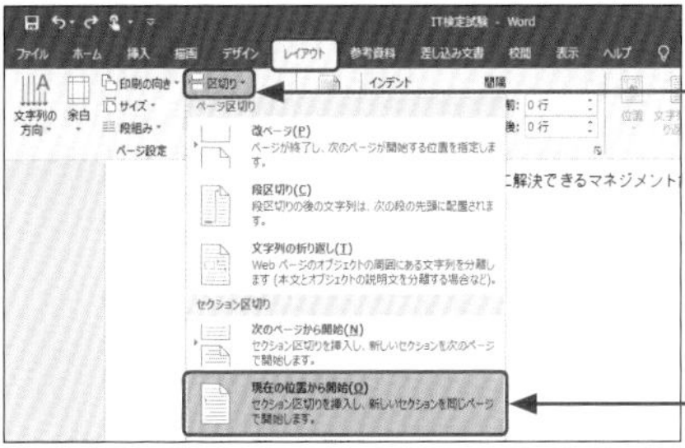

1 レイアウトを変更したい位置にカーソルを移動します。

2 <レイアウト>タブ(Word 2013では<ページレイアウト>タブ)の<区切り>をクリックして、

3 <現在の位置から開始>をクリックします。

4 セクションが区切られました。

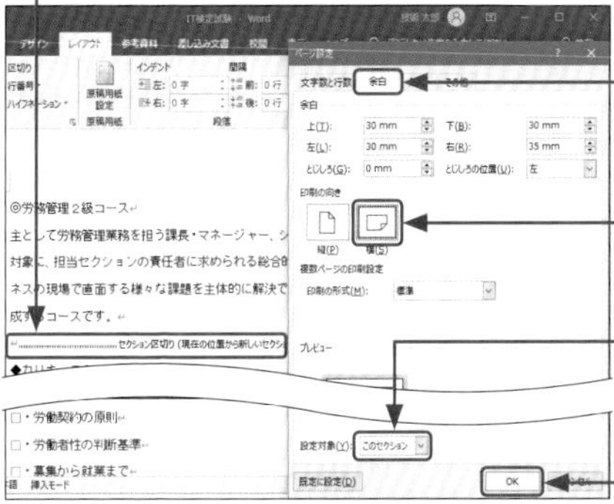

5 <ページ設定>ダイアログボックス(P.101参照)の<余白>タブを表示します。

6 <印刷の向き>を<横>にして、

7 <このセクション>にし、

8 <OK>をクリックします。

9 横向きになります。

PART 4 文書のレイアウトで困った！

▶ 対応バージョン 2019 2016 2013 365

困った度

Question 06

文書を2段組みにしたい

Answer <ページレイアウト>タブの<段組み>から<2段組み>をクリックします。

1 段組みにしたい段落範囲を選択します。

2 <レイアウト>タブ（Word 2013では<ページレイアウト>タブ）をクリックして、

3 <段組み>をクリックし、

4 <2段>をクリックします。

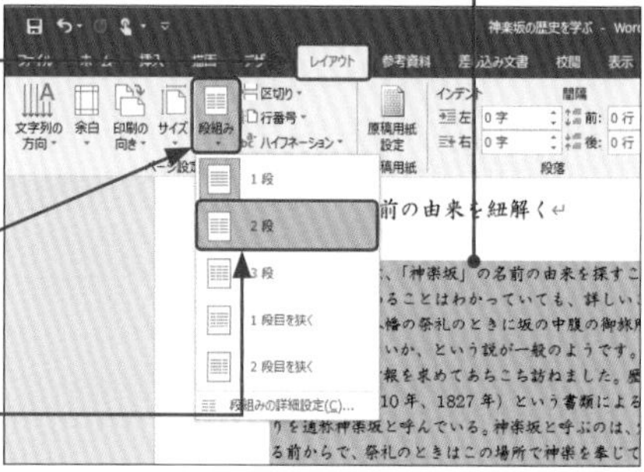

5 2段組みになります。

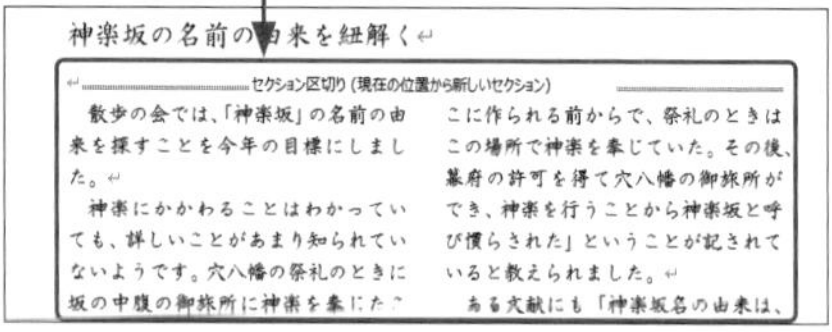

メモ 範囲の選択

文書全体に段組みを設定する場合は、範囲の選択は不要です。

参考 段数を変更する

4段以上にしたい場合は、手順4で<段組みの詳細設定>をクリックして、<段組み>ダイアログボックスの<段数>で指定します。

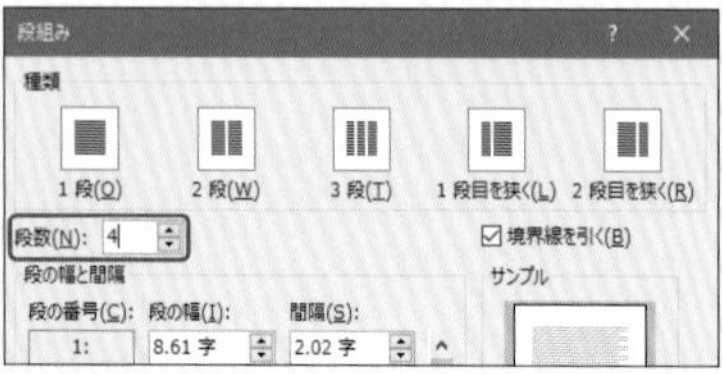

困った度

Question 07 段組みに段の幅や境界線を設定したい

Answer <段落>ダイアログボックスで設定します。

1 P.106の手順 4 で<段組みの詳細設定>をクリックして、<段組み>ダイアログボックスを表示しします。

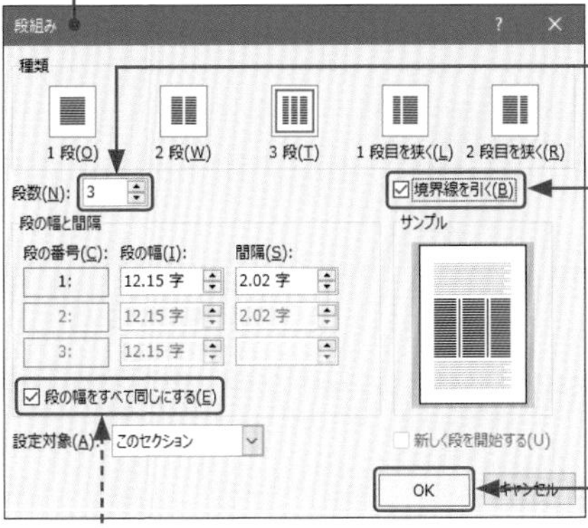

2 段数を指定します。

3 <境界線を引く>をクリックしてオンにします。

4 <OK>をクリックすると、

「メモ」参照

5 指定した段幅になり、境界線が引かれます。

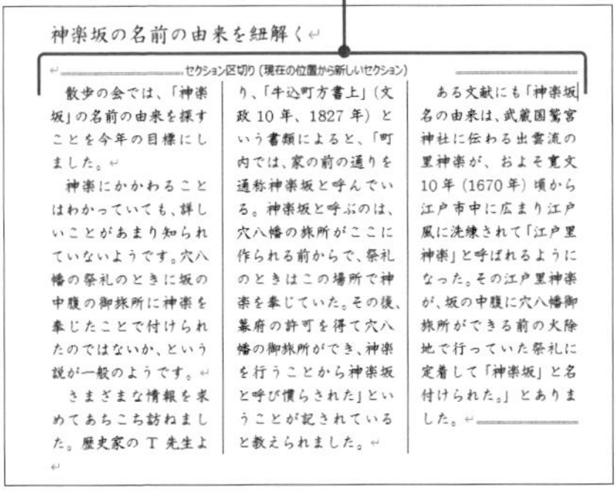
神楽坂の名前の由来を紐解く

セクション区切り (現在の位置から新しいセクション)

散歩の会では、「神楽坂」の名前の由来を探すことを今年の目標にしました。

神楽にかかわることはわかっていても、詳しいことがあまり知られていないようです。穴八幡の祭礼のときに坂の中腹の御旅所に神楽を奉じたことで付けられたのではないか、という説が一般のようです。

さまざまな情報を求めてあちこち訪ねました。歴史家の T 先生より、「牛込町方書上」(文政 10 年、1827 年) という書類によると、「町内では、家の前の通りを通称神楽坂と呼んでいる。神楽坂と呼ぶのは、穴八幡の旅所がここに作られる前からで、祭礼のときはこの場所で神楽を奉じていた。その後、幕府の許可を得て穴八幡の御旅所ができ、神楽を行うことから神楽坂と呼び慣らされた」ということが記されていると教えられました。

ある文献にも「神楽坂名の由来は、武蔵国鷲宮神社に伝わる出雲流の里神楽が、およそ寛文 10 年 (1670 年) 頃から江戸市中に広まり江戸風に洗練されて「江戸里神楽」と呼ばれるようになった。その江戸里神楽が、坂の中腹に穴八幡御旅所ができる前の火除地で行っていた祭礼に定着して「神楽坂」と名付けられた。」とありました。

メモ 段の幅と間隔

<段の幅をすべて同じにする>をオフにすると、段の幅と間隔を変更できます。

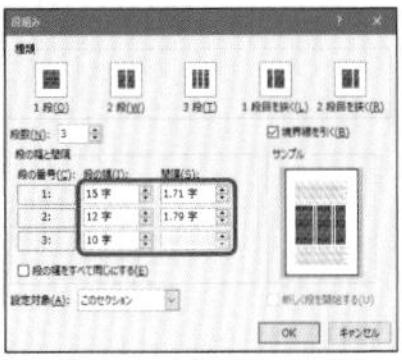

困った度

Question 08

文字を中央揃え、右揃えにしたい

Answer
段落の配置の既定は＜両端揃え＞です。＜ホーム＞タブから揃える位置をクリックします。

1 段落を選択して、

両端揃えです。

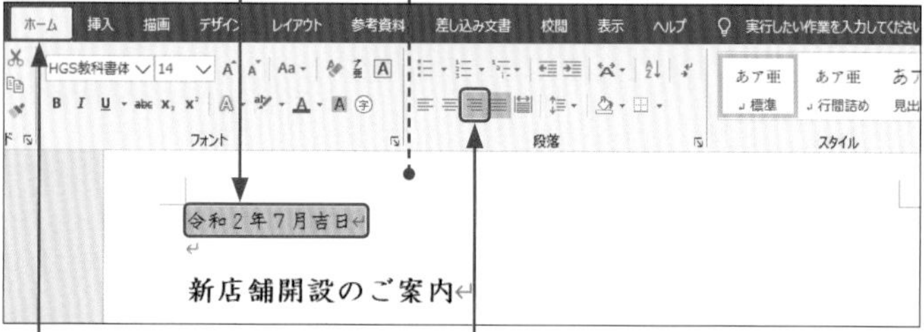

2 ＜ホーム＞タブをクリックし、

3 ＜右揃え＞をクリックすると、

4 右揃えになります。

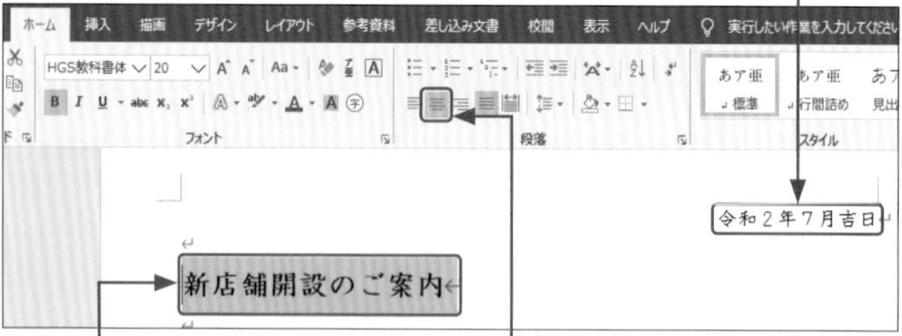

5 段落を選択して、

6 ＜中央揃え＞をクリックすると、

7 中央に揃います。

困った度

Question 09

文字を細くして幅を詰めたい

Answer ＜文字の拡大／縮小＞を利用します。数文字オーバーした行を1行に収めたいときに便利です。

1 文字列を選択します。

2 ＜ホーム＞タブをクリックして、

3 ＜拡張書式＞をクリックします。

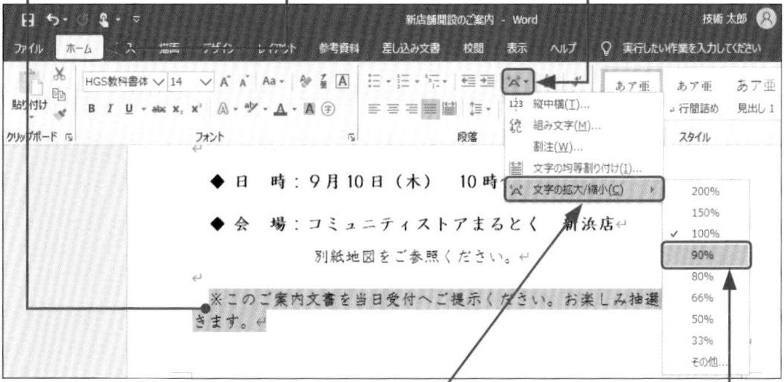

4 ＜文字の拡大／縮小＞をクリックして、

5 ＜90%＞をクリックします。

6 文字幅が縮小されて、1行に収まります。

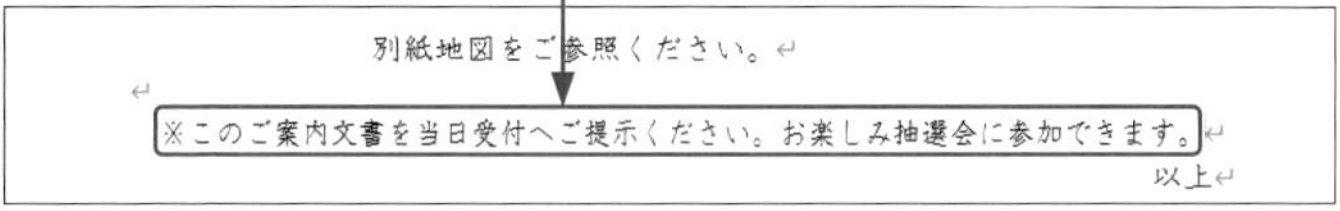

参考 文字幅を設定する

＜フォント＞ダイアログボックスの＜詳細設定＞では、文字幅の＜倍率＞に1%単位の数値を指定できます。また、＜文字間隔＞で＜狭い＞を指定すると、文字間を詰めることができます。

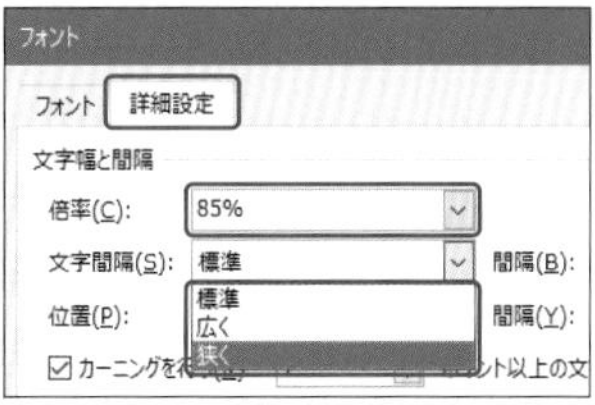

PART 4 文書のレイアウトで困った！

対応バージョン 2019 2016 2013 365

Question 10

段落の左側を1文字空けたい

Answer インデントを利用します。

1 段落内にカーソルを移動します。

2 <ホーム>タブをクリックして、

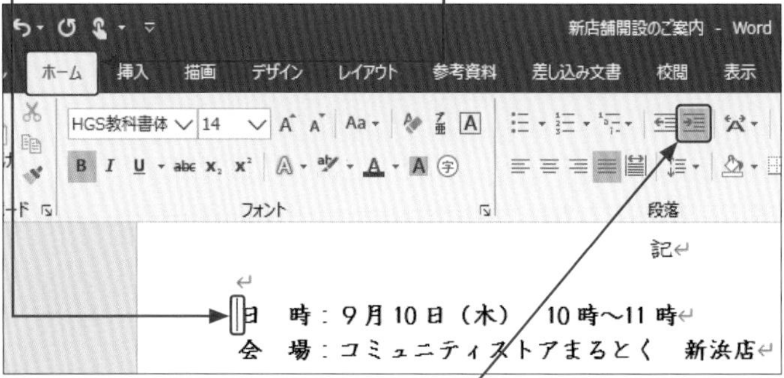

3 <インデントを増やす>をクリックします。

4 段落の左側が1文字分空きます。

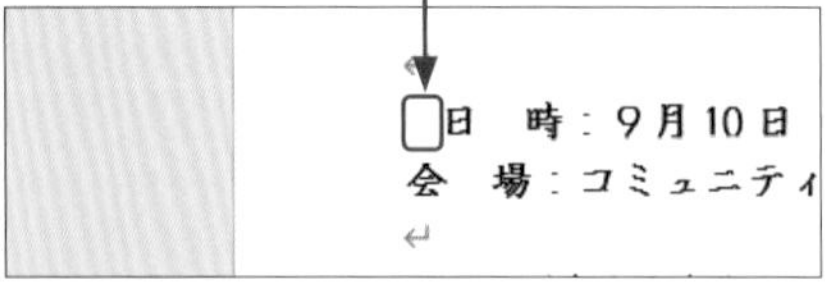

メモ　インデント

インデントとは入力位置の端から文字の位置の間隔のことで、一般に「字下げ」と呼ばれます。

メモ　インデントを解除する

インデントを増やして先頭に空きを追加した場合、<ホーム>タブの<インデントを減らす>をクリックすると、インデントが1文字ずつ減ります。なお、文書全体のインデントを解除する場合は、P.113を参照してください。

困った度

Question 11

段落の2行目以降を1文字空けたい

Answer ぶら下げインデントを利用します。

1 段落内にカーソルを移動します。

2 <ホーム>タブをクリックして、

3 <段落>のここをクリックし、

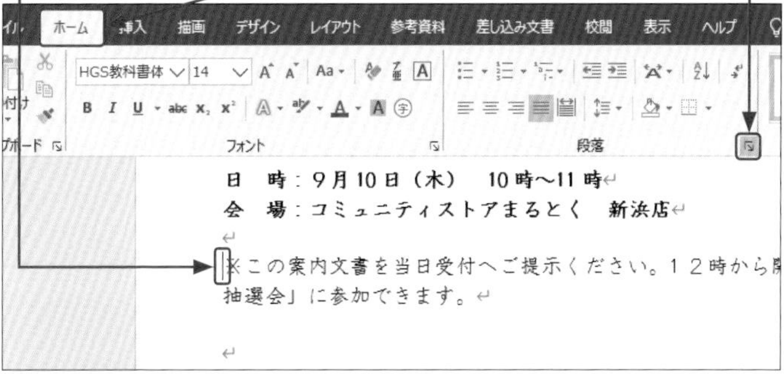

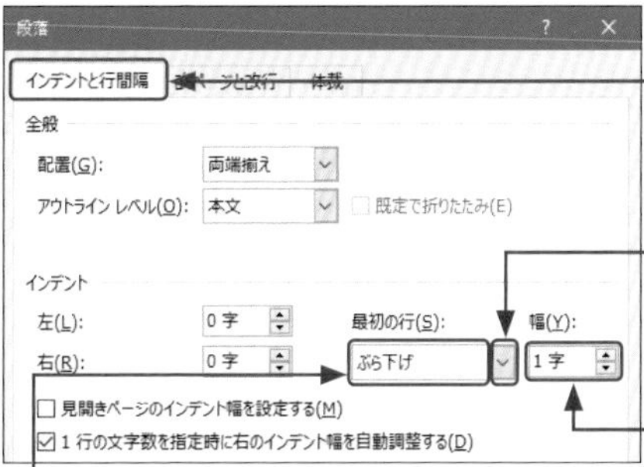

4 <段落>ダイアログボックスの<インデントと行間隔>をクリックします。

5 <最初の行>のここをクリックして、

6 <ぶら下げ>を指定します。

7 <1字>が設定されるので、<OK>をクリックします。

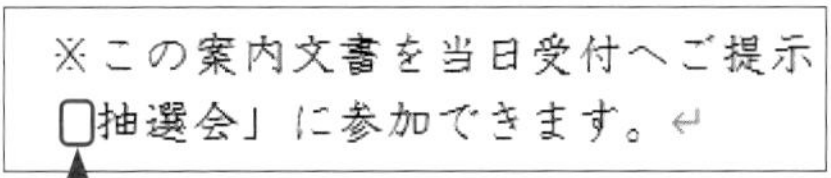

8 2行目以降が1文字空きます。

PART 4 文書のレイアウトで困った！

対応バージョン 2019 2016 2013 365

困った度

Question 12 段落の右側を1文字空けたい

Answer 右インデントで設定します。

1 段落内にカーソルを移動します。

2 ＜レイアウト＞タブをクリックして、

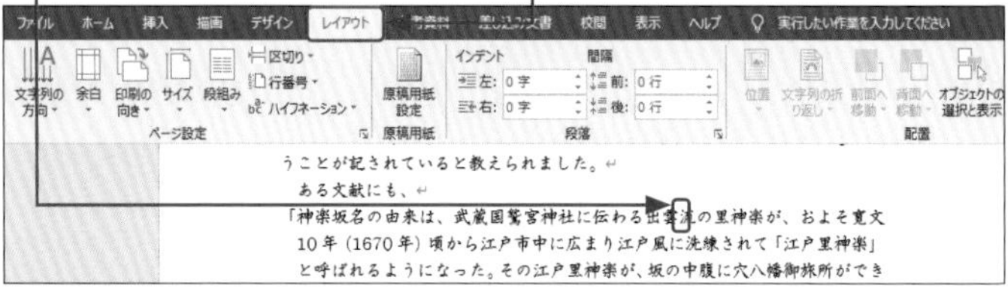

3 ＜インデント＞の＜右＞ボックスに「2字」を指定します。

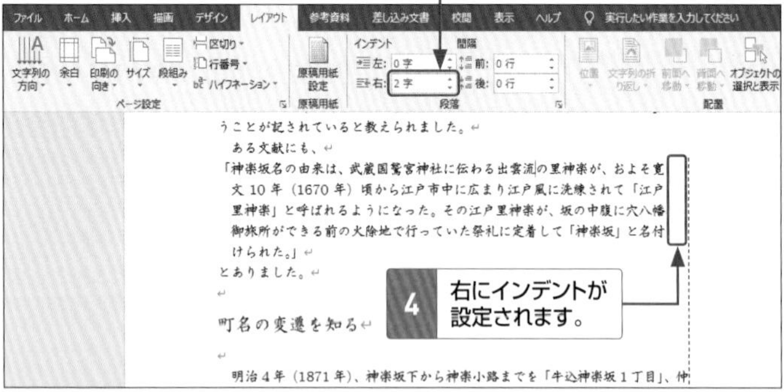

4 右にインデントが設定されます。

メモ ＜段落＞ダイアログボックスで設定する

＜段落＞ダイアログボックスの＜インデントと行間隔＞タブ（P.111参照）の＜インデント＞で数値を入力しても同じです。「配置」や「ぶら下げ」なども同時に設定できます。

困った度

Question 13

インデントを解除したい

Answer ＜レイアウト＞タブの＜段落＞で
インデントの数値を「0」にします。

1 インデントを設定した段落を選択します。

2 ＜レイアウト＞タブ（Word 2013では＜ページレイアウト＞タブ）をクリックして、

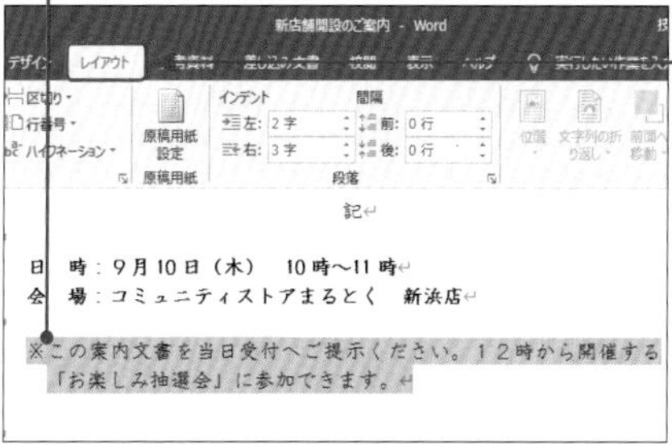

3 ＜インデント＞の＜左インデント＞を「0字」にすると、左インデントが解除されます。

4 ＜右インデント＞を「0字」にすると、右インデントが解除されます。

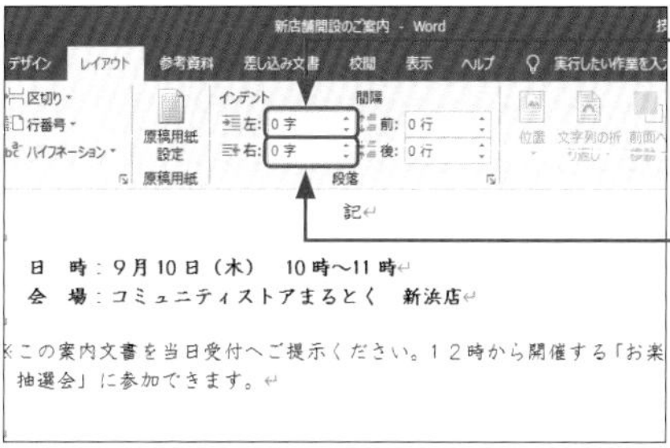

参考 **ぶら下げインデントの解除**

この方法では、ぶら下げインデントは解除できません。ぶら下げインデントを解除するには、＜段落＞ダイアログボックスで＜最初の行＞を＜（なし）＞にします。

困った度

Question 14

項目の左端を揃えて入力したい

Answer タブを挿入して項目の先頭位置を揃えます。

<表示>タブの<ルーラー>をオンにして、ルーラーを表示します。

1 ここを「左揃えタブ」にします。

2 タブを挿入した段落を選択します。

3 ルーラー上をクリックします。

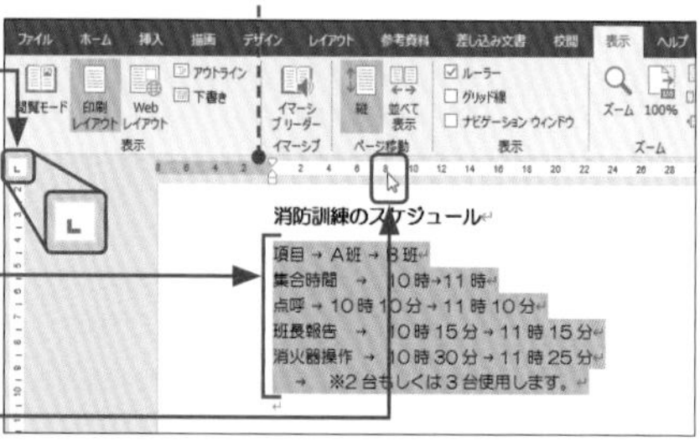

4 左揃えタブが挿入されて、文字の先頭がタブ位置に揃います。

5 次のタブ位置をクリックします。

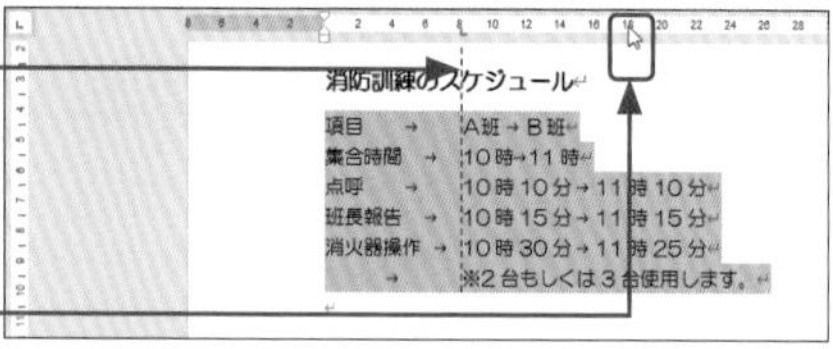

6 次のタブ位置に揃います。

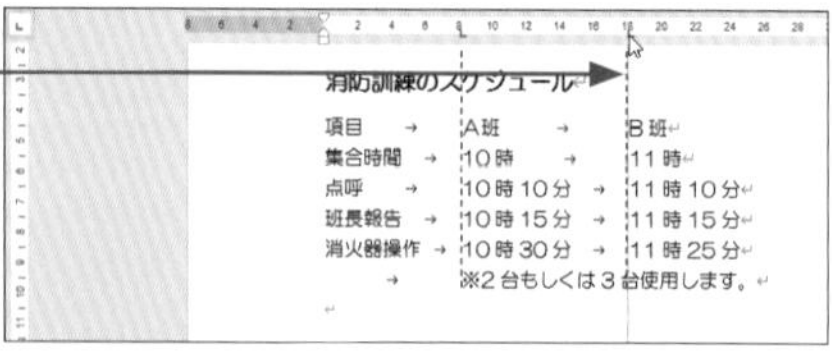

メモ　**タブ位置の間隔**

既定では、タブ位置は4文字間隔で設定されます。しかし、タブの前にある文字が4文字を超えると、タブ位置が8文字間隔、12文字間隔などで設定されるため、各行のタブのうしろの項目が揃いません。この場合、ルーラー上でタブ位置を直接設定すると、項目を揃えることができます。

困った度

Question 15

項目を揃える タブ位置を変更したい

Answer タブマーカーをドラッグします。

1 タブを設定している段落を選択します。

2 変更したい位置まで、タブマーカーをドラッグします。

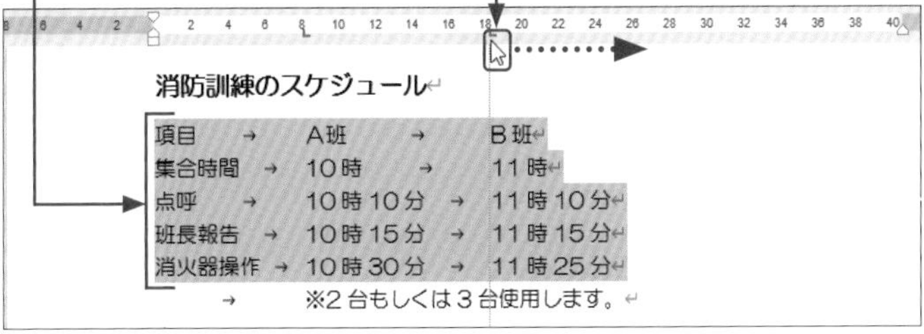

3 タブ位置が変更されます。

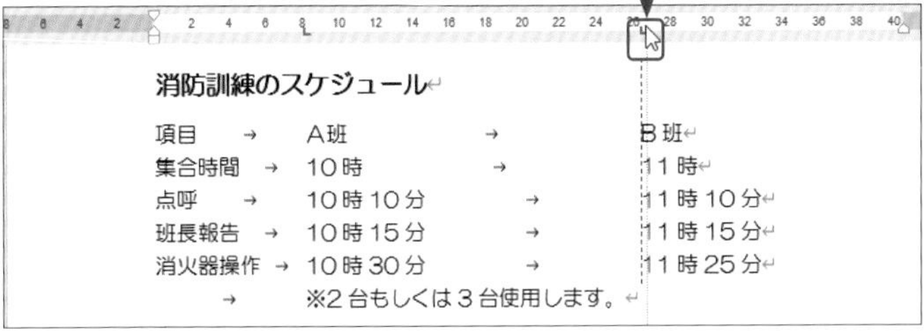

参考 タブの削除

ルーラー上のタブをルーラーの外（画面内）にドラッグすると、不要なタブを削除できます。タブが挿入された文字列は、既定の位置に戻ります。

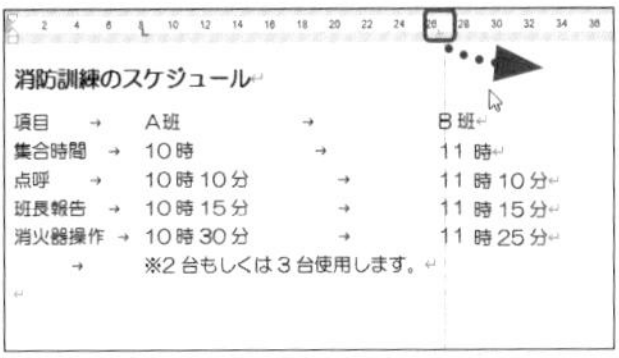

困った度

Question 16

「…」付きのタブを挿入したい

Answer <タブとリーダー>ダイアログボックスを利用します。

1 タブを挿入した段落を選択します。

2 タブマーカーをダブルクリックして、

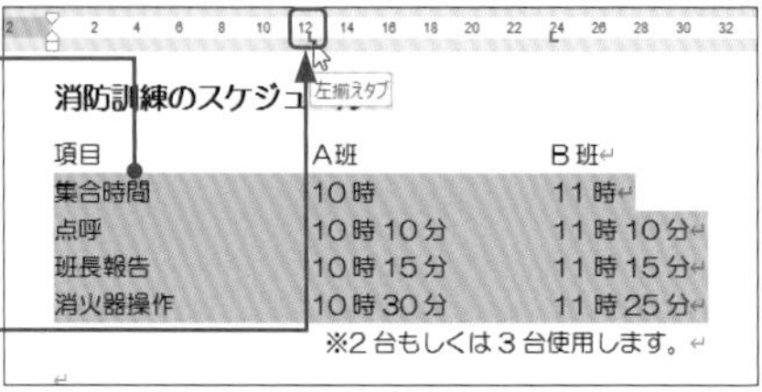

3 <タブとリーダー>ダイアログボックスを表示します。

4 リーダーを挿入するタブ位置を指定します。

5 リーダーをクリックしてオンにし、

6 <OK>をクリックします。

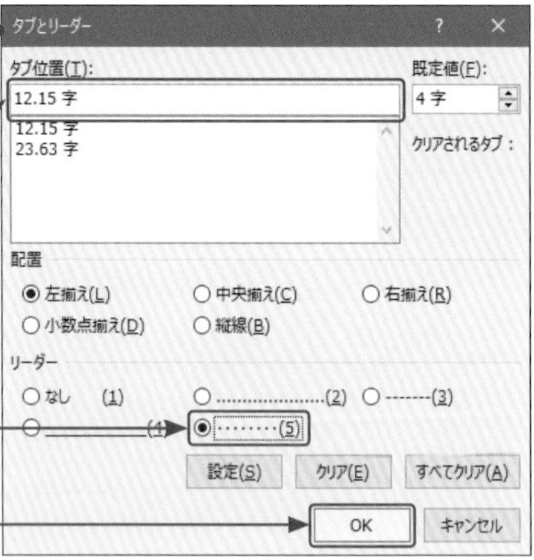

7 リーダーが入ります。

リーダーが見やすいように、タブ記号を非表示にしています。

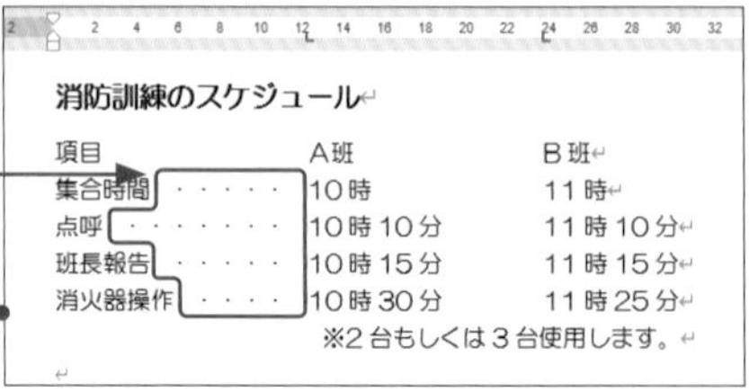

Question 17 ページ全体を枠線で囲みたい

Answer ＜ページ罫線＞を利用します。

1 ＜デザイン＞タブをクリックして、

2 ＜ページ罫線＞をクリックします。

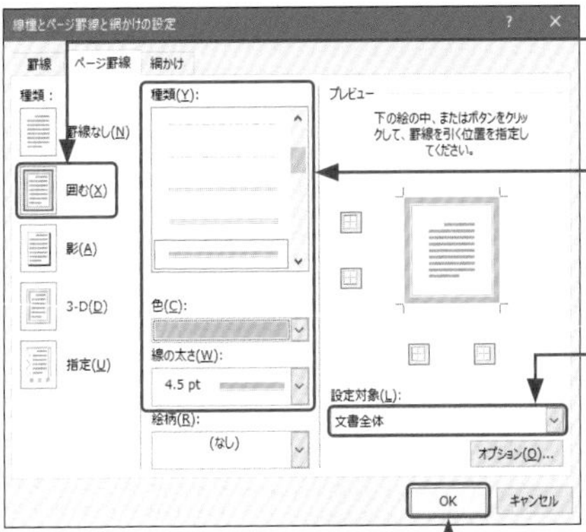

3 ＜囲む＞をクリックして、

4 罫線の種類や太さ、色を指定し、

5 ＜設定対象＞を＜文書全体＞にして、

6 ＜OK＞をクリックします。

7 ページ罫線で囲まれます。

参考 1ページのみに設定する

複数ページの文書で、先頭ページのみにページ罫線を設定したい場合は、手順 5 で＜このセクション-1 ページ目のみ＞を指定します。

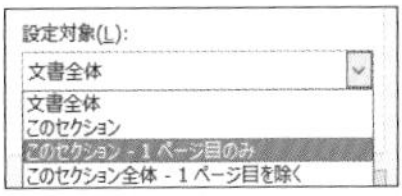

困った度 😣😣😣😣

Question 18

段落の間隔を調整したい

Answer ＜行と段落の間隔＞を利用します。段の前後に空きを入れることもできます。

1 段落を選択します。

2 ＜ホーム＞タブをクリックして、

3 ＜行と段落の間隔＞をクリックし、

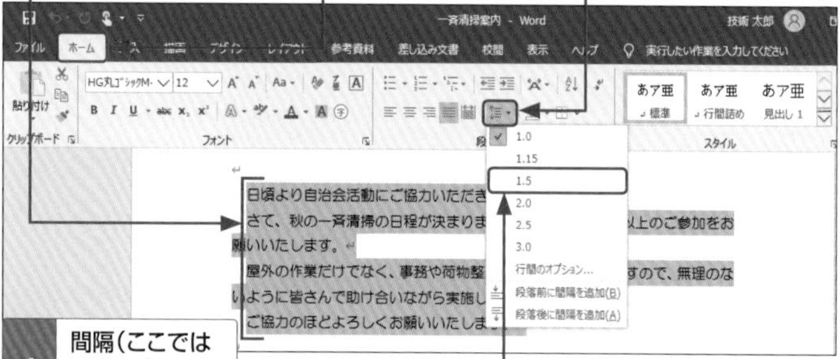

4 間隔（ここでは＜1.5＞）をクリックします。

5 段落内の間隔が広がります。

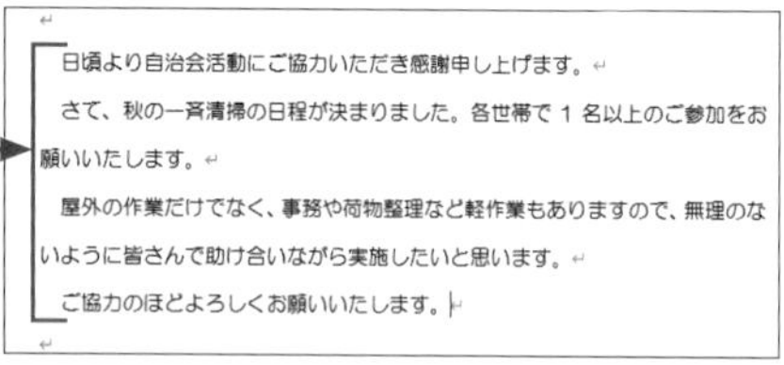

参考 段落前後の空き

手順4で＜段落前（後）に間隔を追加＞をクリックすると、段落の前（後）に12ptの空きを挿入できます。または、＜段落＞ダイアログボックスの＜インデントと行間隔＞では、＜段落前（後）＞タブでも設定できます。

メモ そのほかの設定方法

＜段落＞ダイアログボックスの＜インデントと行間隔＞タブの＜間隔＞でも設定できます。

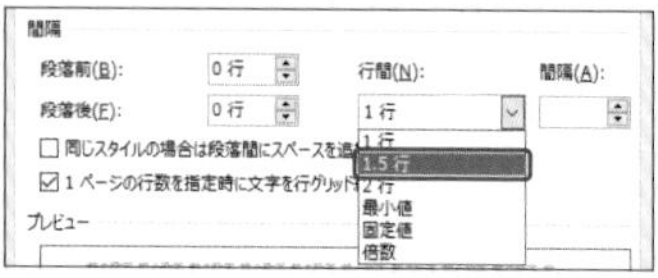

Question 19

用紙を横向きにしたい

Answer <レイアウト>タブの<印刷の向き>で縦向きと横向きの切り替えができます。

1 <レイアウト>タブ（Word 2013では<ページレイアウト>タブ）をクリックして、

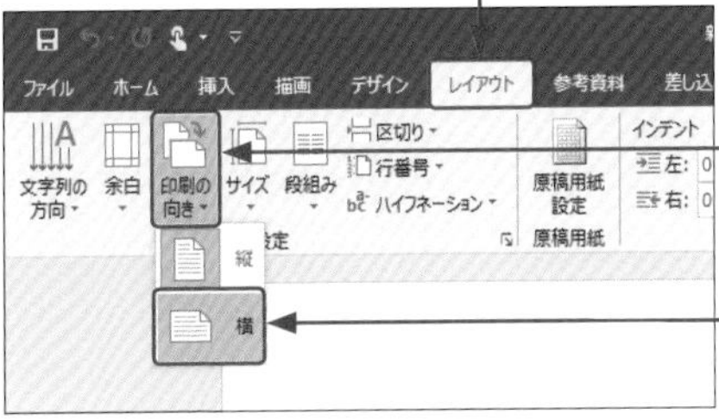

2 <印刷の向き>をクリックし、

3 <横>をクリックします。

4 横向きになります。

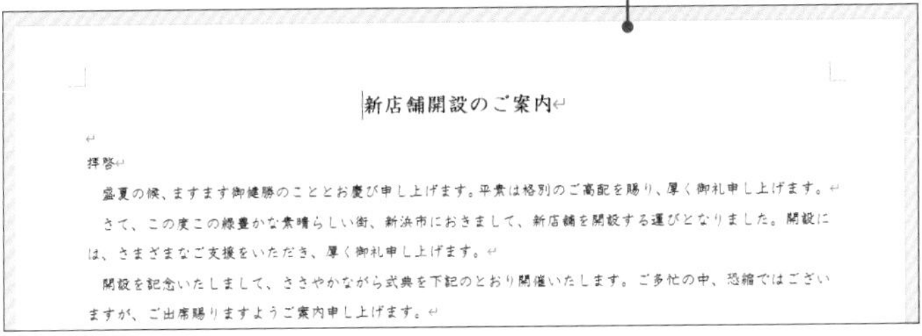

メモ <ページ設定>ダイアログボックスを利用する

<ページ設定>ダイアログボックス（P.101参照）の<余白>タブの<印刷の向き>でも、用紙の向きを設定できます。

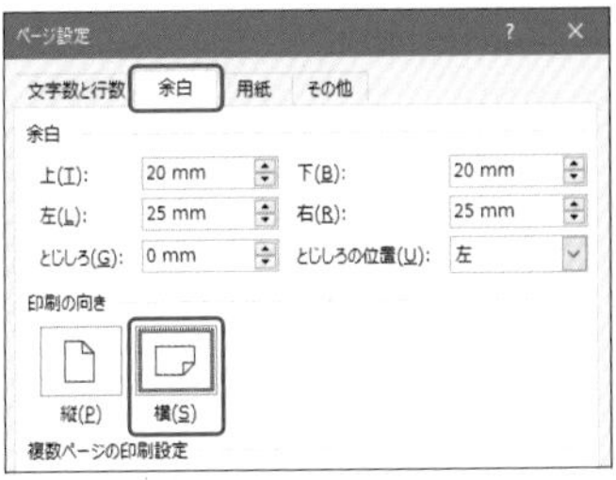

困った度

Question 20

文書を縦書きにしたい

Answer <文字列の方向>で<縦書き>を指定します。

横書き文書を表示しています。

1 <レイアウト>タブ（Word 2013では<ページレイアウト>タブ）をクリックして、

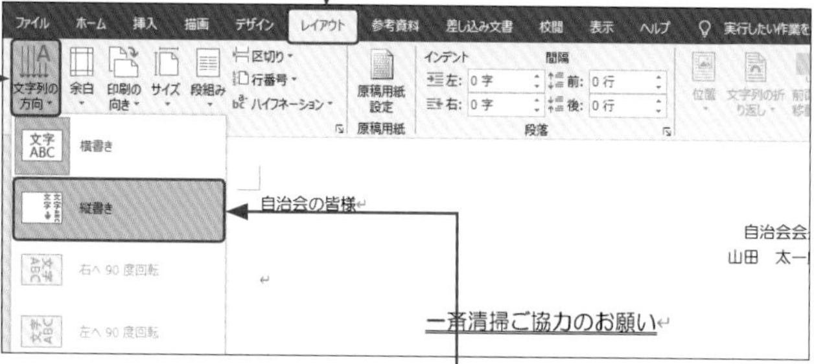

ファイル
ホーム
挿入
描画
デザイン
レイアウト
参考資料
差し込み文書
校閲
表示
ヘルプ
実行したい作業を
文字列の方向
余白
印刷の向き
サイズ
段組み
区切り
行番号
ハイフネーション
原稿用紙設定
原稿用紙
インデント
左: 0字
右: 0字
間隔
前: 0行
後: 0行
段落
位置
文字列の折り返し
横書き
縦書き
右へ 90 度回転
左へ 90 度回転
自治会の皆様
自治会会
山田 太一
一斉清掃ご協力のお願い

2 <文字列の方向>をクリックし、

3 <縦書き>をクリックします。

用紙の向きが横置きに変更されます。

4 縦書きに変更されます。

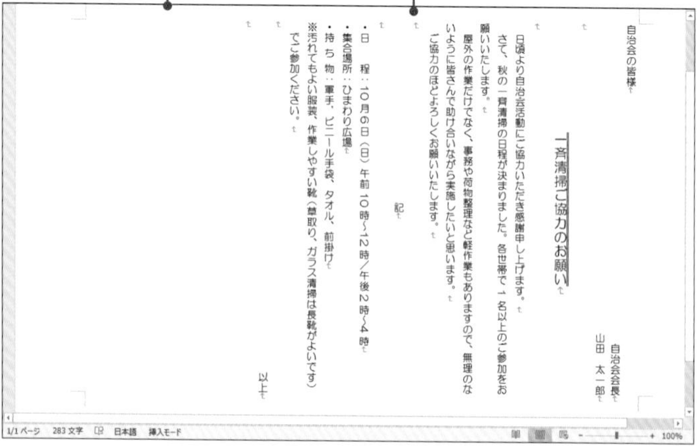

自治会の皆様
一斉清掃ご協力のお願い
自治会会長
山田 太一郎
日頃より自治会活動にご協力いただき感謝申し上げます。
さて、秋の一斉清掃の日程が決まりました。各世帯で１名以上のご参加をお
願いいたします。
屋外の作業だけでなく、事務や荷物整理など軽作業もありますので、無理のな
いように皆さんで助け合いながら実施したいと思います。
ご協力のほどよろしくお願いいたします。
記
・日　程：10月6日（日）午前10時～12時／午後2時～4時
・集合場所：ひまわり広場
・持ち物：軍手、ビニール手袋、タオル、前掛け
※汚れてもよい服装、作業しやすい靴（草取り、ガラス清掃は長靴がよいです）
でご参加ください。
以上
1/1 ページ
283 文字
日本語
挿入モード
100%

困った度

Question 21

縦書きの文書で数字を縦書きにしたい

Answer ＜拡張書式＞で＜縦中横＞を設定します。

1 横向きになった数字を選択します。

2 ＜ホーム＞タブをクリックして、

3 ＜拡張書式＞をクリックし、

1桁の場合は全角文字にすると縦書きになります。

4 ＜縦中横＞をクリックします。

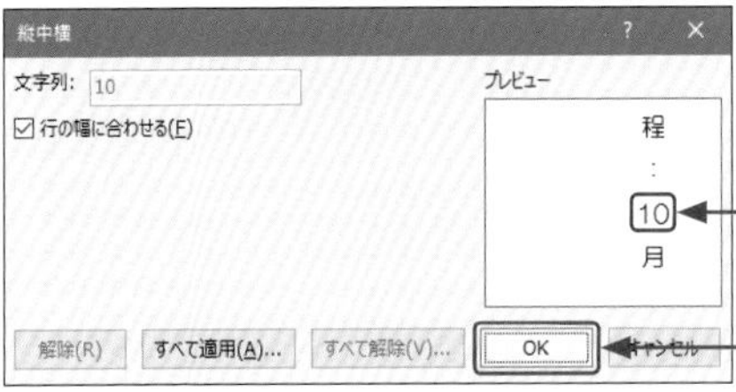

5 縦書きになっていることを確認して、

6 ＜OK＞をクリックします。

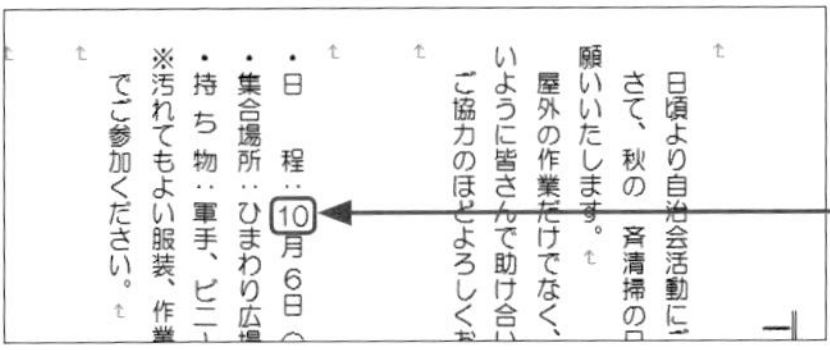

7 縦書きになります。

困った度

Question 22

横書きの文書内に縦書きの文章を配置したい

Answer 縦書きテキストボックスを挿入します。

1 ＜挿入＞タブをクリックして、

2 ＜テキストボックス＞をクリックし、

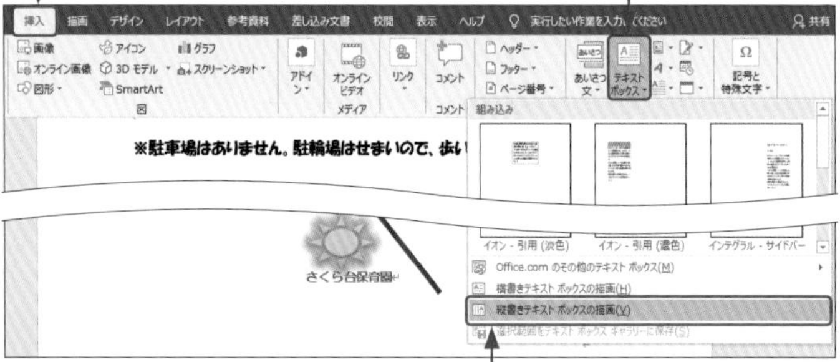

3 ＜縦書きテキストボックスの描画＞をクリックします。

4 ドラッグして、テキストボックスを作成します。

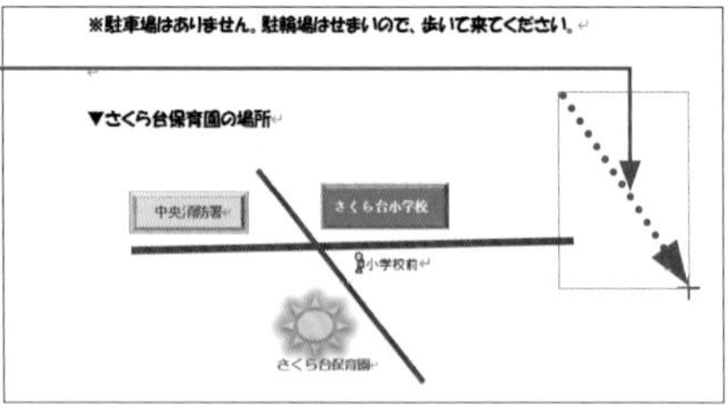

メモ テキストボックス

テキストボックスは任意の場所に文章を挿入するオブジェクトです。縦書き用と横書き用があり、文字書式のほか、図形の書式（P.123参照）も設定できます。

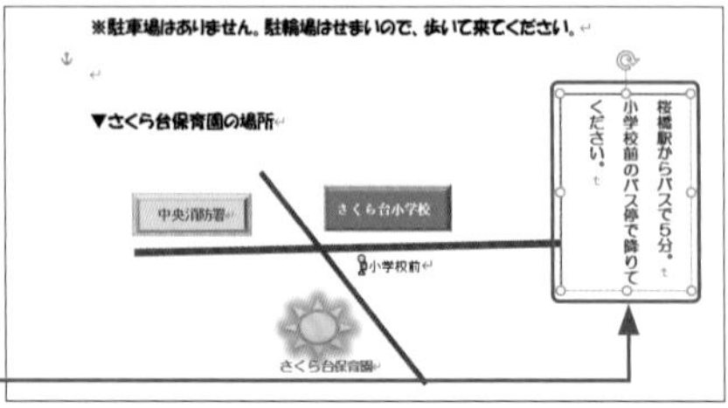

5 テキストボックス内に入力します。

PART 4 文書のレイアウトで困った！

対応バージョン 2019 2016 2013 365

困った度

Question 23

テキストボックスの罫線を変更したい

Answer ＜書式＞タブの＜図形の枠線＞あるいは＜図形のスタイル＞で変更します。

1 テキストボックスをクリックして選択します。

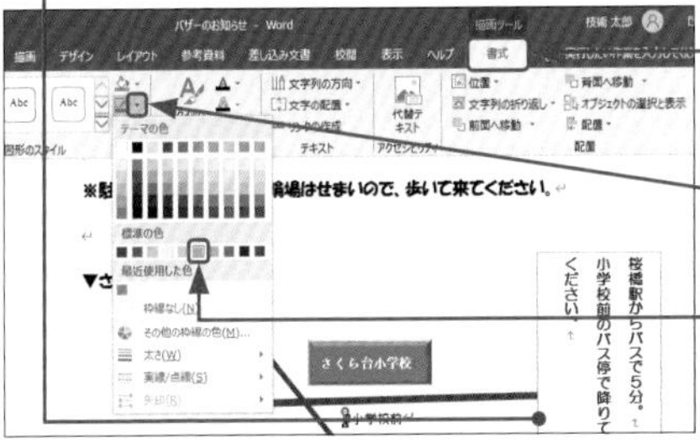

2 ＜書式＞タブをクリックして、

3 ＜図形の枠線＞のここをクリックし、

4 色（ここでは＜緑＞）をクリックします。

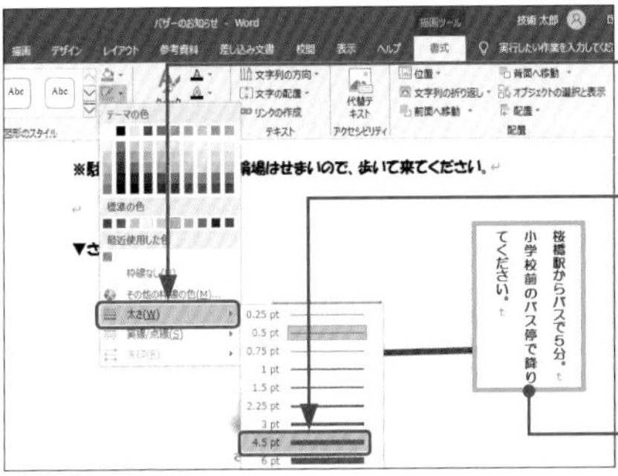

5 同様に、＜太さ＞にマウスポインターを合わせて、

6 太さ（ここでは＜4.5pt＞）をクリックします。

7 罫線の色と太さが変更されます。

参考 テキストボックスを塗りつぶす

＜書式＞タブの＜図形の塗りつぶし＞［図形の塗りつぶしアイコン］から色を選択します。また、＜図形のスタイル＞の一覧から選ぶこともできます。

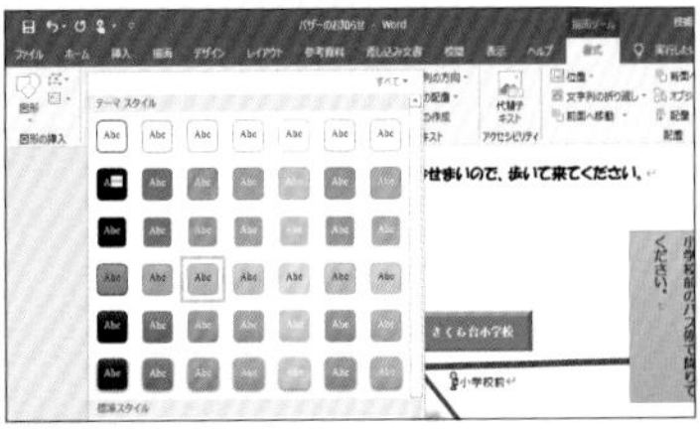

困った度

Question 24 テキストボックスの余白を調整したい

Answer ＜図形の書式設定＞作業ウィンドウで変更します。

1 テキストボックスを選択して、＜書式＞タブをクリックします。

2 ＜図形のスタイル＞のここをクリックして、

3 ＜図形の書式設定＞作業ウィンドウを表示します。

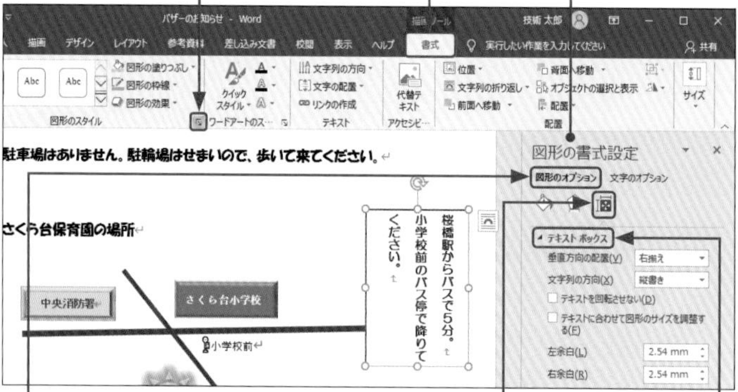

4 ＜図形のオプション＞をクリックして、

5 ＜レイアウトとプロパティ＞をクリックし、

6 ＜テキストボックス＞を開きます。

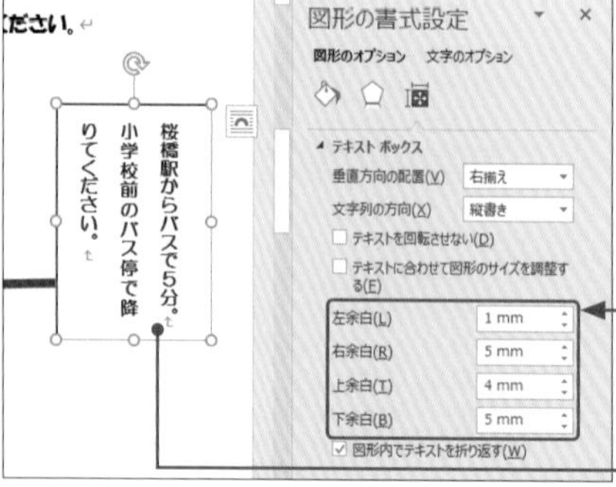

7 余白を指定すると、

8 ボックスと文字の間隔が調整されます。

困った度

Question 25

ヘッダーとフッターを設定したい

Answer ヘッダーとフッターはデザインを選ぶだけで挿入できます。

1 <挿入>タブの<ヘッダー>をクリックし、

2 目的のデザインをクリックします。

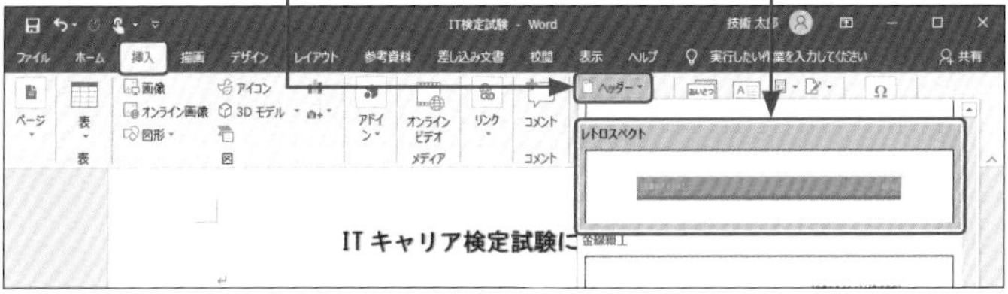

3 各テキストボックスに入力します。

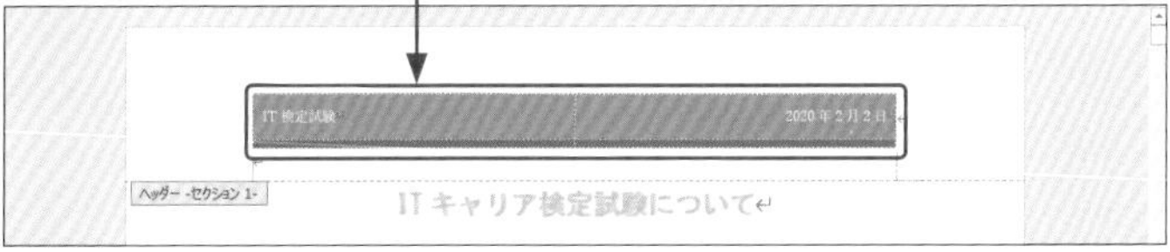

4 <フッター>をクリックして、

5 ヘッダーに合うようなデザインをクリックします。

6 フッターが挿入されます。

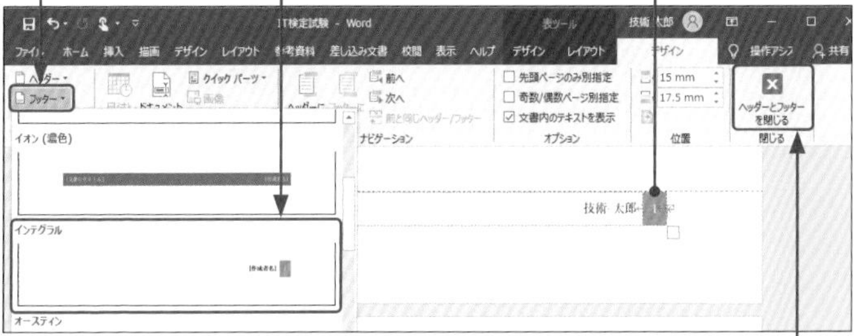

7 <ヘッダーとフッターを閉じる>をクリックします。

対応バージョン 2019 2016 2013 365

困った度

Question 26

文書の先頭に表紙のページを挿入したい

Answer Wordに用意されている表紙のデザインを利用しましょう。

1 <挿入>タブをクリックして、

2 <ページ>をクリックし、

3 <表紙>をクリックして、

4 表紙のデザインをクリックします。

5 先頭のページに表紙が挿入されます。

6 必要な項目を入力して、フォントやフォントサイズを整えます。

メモ 不要な項目の削除

用意されているボックスが不要な場合は、右クリックして<コンテンツコントロールの削除>をクリックして削除します。

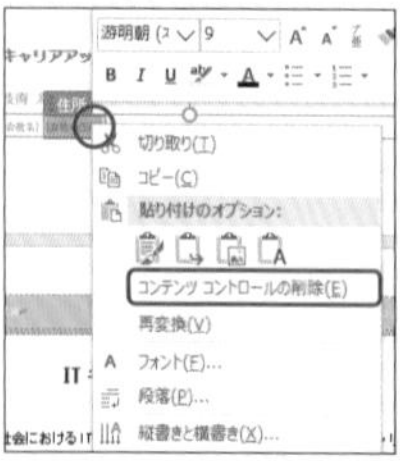

PART 4 文書のレイアウトで困った！

対応バージョン 2019 2016 2013 365

困った度

Question 27

全ページにページ番号を入れたい

Answer <ページ番号>からデザインを選んで挿入します。

1 <挿入>タブをクリックして、

2 <ページ番号>をクリックし、

3 ページ番号の位置（ここでは<ページの下部>）にマウスポインターを合わせ、

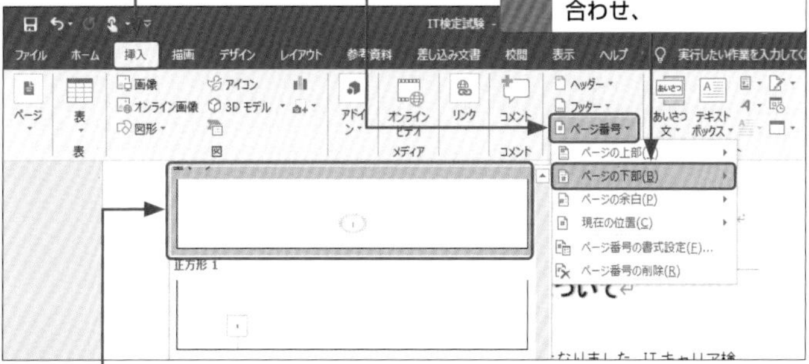

4 デザインをクリックします。

5 ページ番号が挿入されます。

6 <ヘッダーとフッターを閉じる>をクリックします。

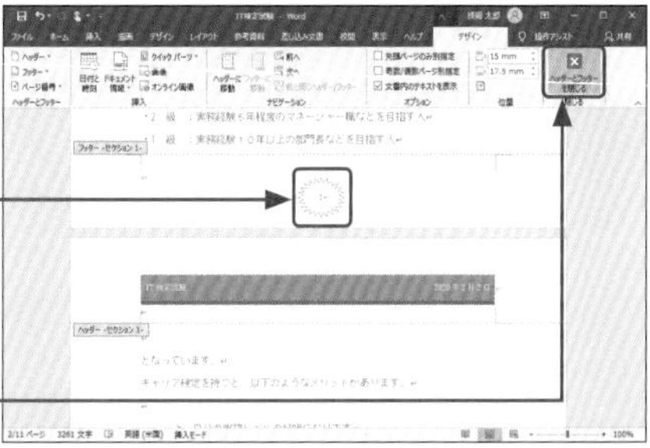

メモ ページ番号の挿入と削除

ページ番号は、ヘッダーやフッターからも挿入できます（P.125参照）。ページ番号を削除するには、手順3で<ページ番号の削除>をクリックします。

参考 表紙のページ番号

初期設定では、表紙にはページ番号が付かないようになっています。付けたい場合は、P.128を参照してください。

困った度

Question

28 表紙にもページ番号を入れるようにしたい

Answer ＜ページ番号の書式＞ダイアログボックスでセクションを継続させます。

1 P.127を参考にページ番号を挿入します（表紙にページ番号が付いていません）。

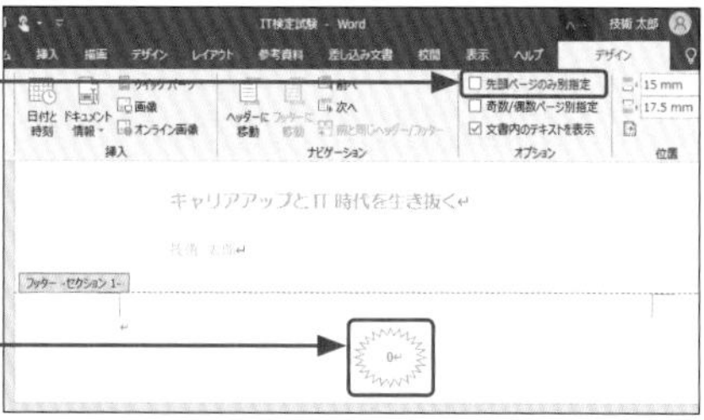

2 ＜デザイン＞タブの＜先頭ページのみ別指定＞をクリックして、オフにします。

3 ページ番号「0」が表示されます。

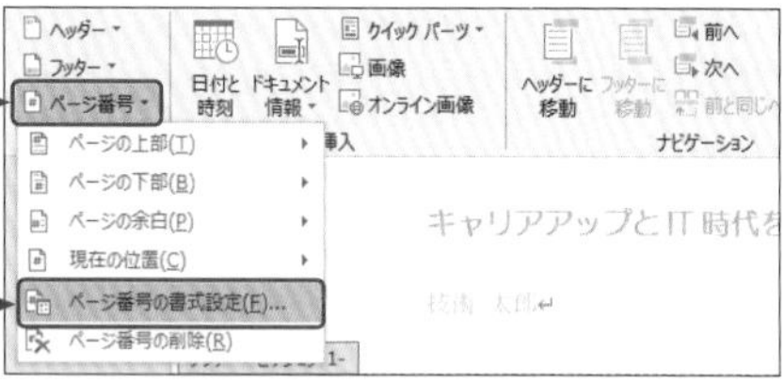

4 ＜ページ番号＞をクリックして、

5 ＜ページ番号の書式設定＞をクリックします。

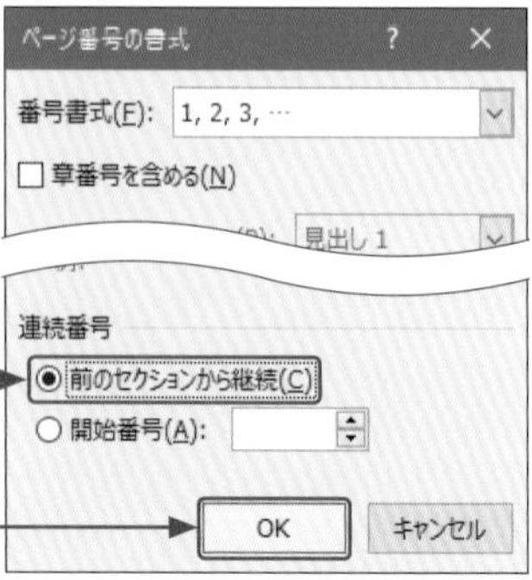

6 ＜前のセクションから継続＞をクリックしてオンにし、

7 ＜OK＞をクリックします。

対応バージョン 2019 2016 2013 365

困った度

Question 29

文書全体のデザインをまとめて設定したい

Answer テーマを利用します。利用するには<テーマ>のフォントやフォントの色を設定しておきます。

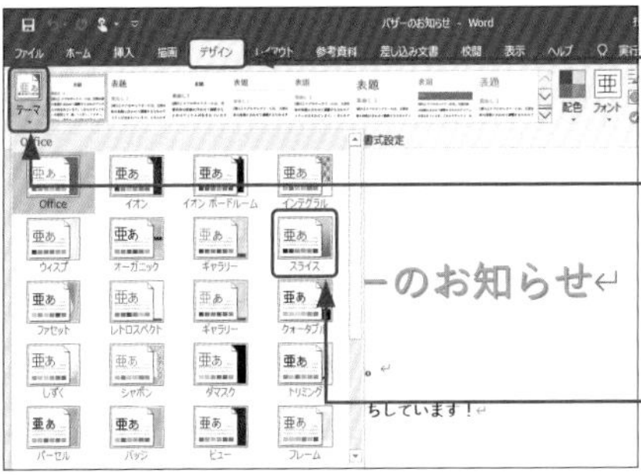

1 <デザイン>タブをクリックして、

2 <テーマ>をクリックし、

3 テーマ（ここでは<スライス>）をクリックします。

4 文書全体のデザインが変更されます。

メモ　テーマを戻す

テーマをもとに戻すには、手順**3**で左上の<Office>をクリックします。

メモ　テーマの書式

テーマを利用するには、フォントは「テーマのフォント」、フォントの色は「テーマの色」から設定する必要があります。それ以外の書式では、テーマを利用できません。

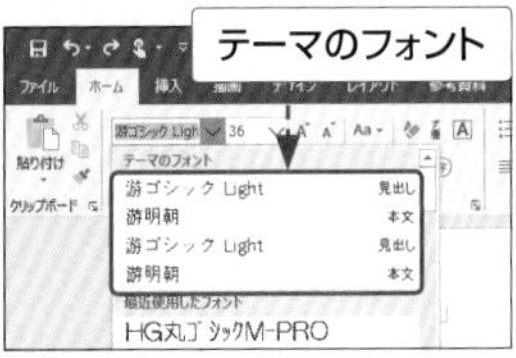

Question

30 編集記号の表示／非表示を切り替えたい

Answer ＜ホーム＞タブの＜編集記号の表示／非表示＞をクリックします。

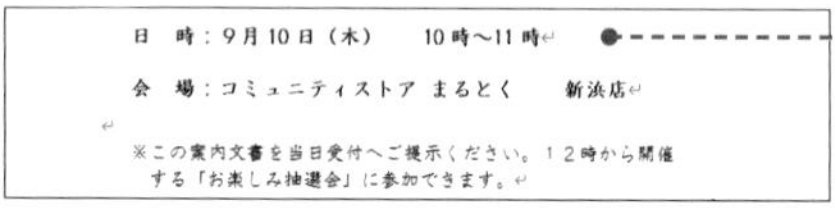

既定では、段落記号のみが表示されます。

1 ＜ホーム＞タブをクリックして、

2 ＜編集記号の表示／非表示＞をクリックしてオンにすると、

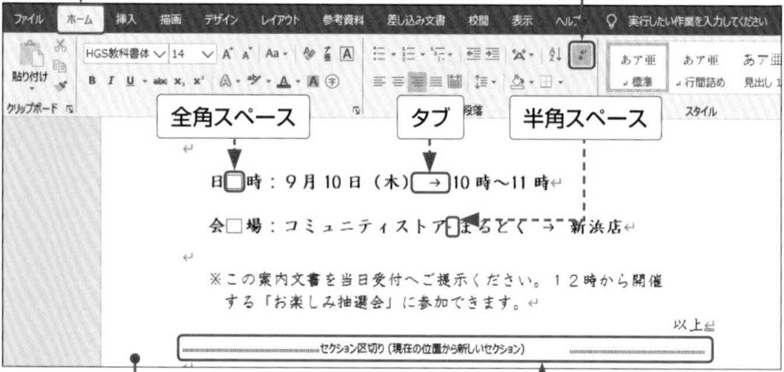

全角スペース

タブ

半角スペース

3 そのほかの編集記号が表示されます。

セクション区切り

参考 編集記号の表示／非表示を個別に指定する

既定では、段落記号のみ表示されます。個別に表示／非表示を設定するには、＜ファイル＞タブの＜オプション＞をクリックして＜Wordのオプション＞画面を表示し、＜表示＞タブで＜すべての編集記号を表示する＞をオフにして、表示させたい記号のみオンにします。

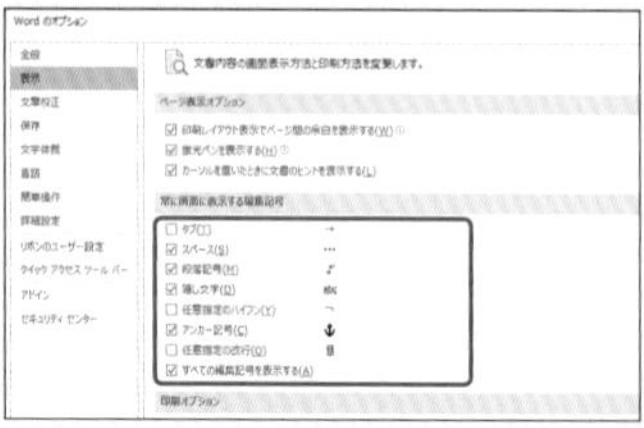

PART 4 文書のレイアウトで困った！

対応バージョン 2019 2016 2013 365

Question 31

原稿用紙に文章を入力したい

Answer ＜レイアウト＞タブの＜原稿用紙設定＞を利用します。

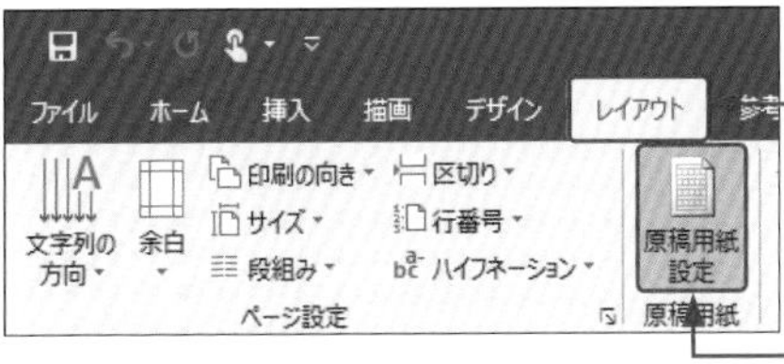

1 ＜レイアウト＞タブ（Word 2013では＜ページレイアウト＞タブ）をクリックして、

2 ＜原稿用紙設定＞をクリックします。

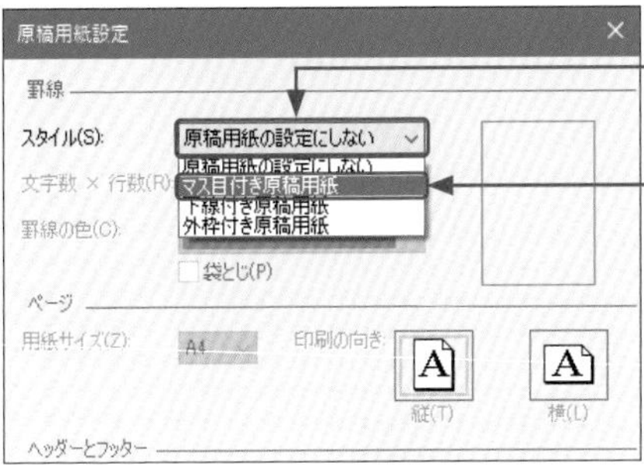

3 ここをクリックして、

4 ＜マス目付き原稿用紙＞をクリックし、＜OK＞をクリックします。

5 原稿用紙が表示されます。

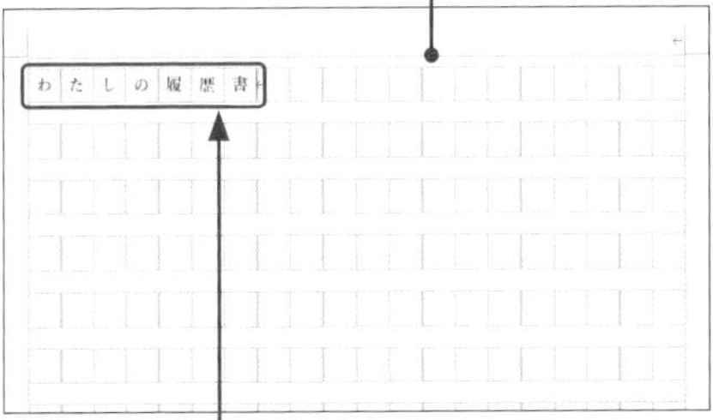

6 入力すると、1文字ずつマス目に入ります。

メモ そのほかの設定

行数や文字数、罫線の色などは、＜原稿用紙設定＞画面で変更できます。

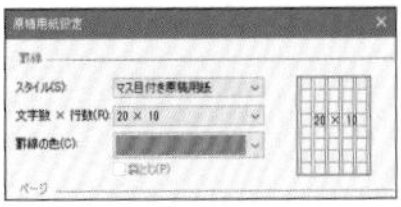

困った度 ☹☹☹☹☹

Question 32

透かし文字を入れたい

Answer ＜デザイン＞タブの＜透かし＞を利用します。

1 ＜デザイン＞タブをクリックして、

2 ＜透かし＞をクリックし、

3 ＜ユーザー設定の透かし＞をクリックします。

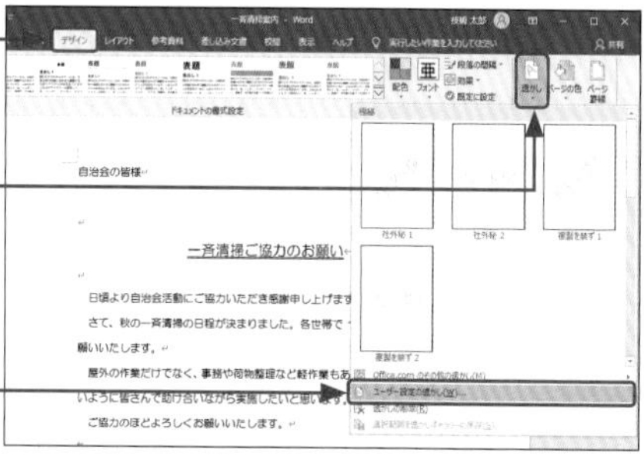

4 ＜テキスト＞をオンにして、

5 透かしにする文字を入力します。

6 フォントなどを設定して、

7 ＜OK＞をクリックします。

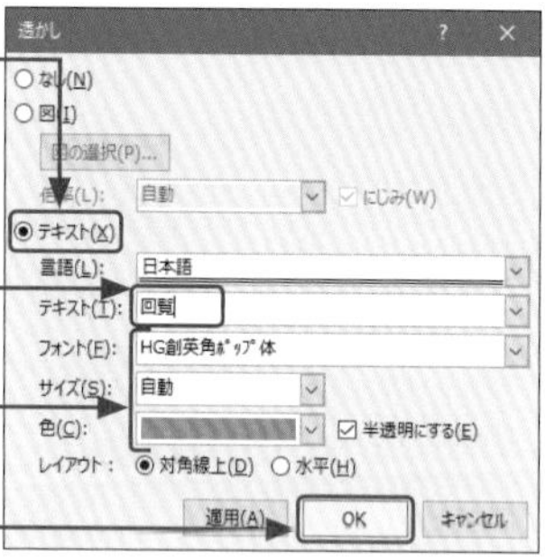

8 文書に透かし文字が入ります。

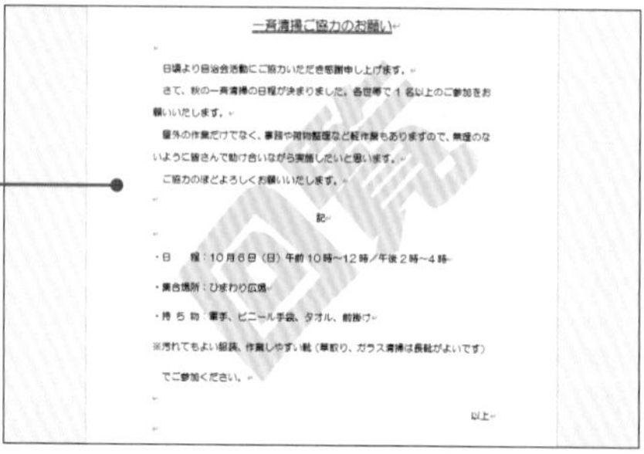

PART

5

写真・図形・イラストの挿入で

困った!

困った度

Question 01

文書に写真を挿入したい

Answer ＜挿入＞タブの＜画像＞から写真を選択して挿入します。

1 ＜挿入＞タブをクリックして、

2 ＜画像＞をクリックします。

写真を挿入したいおおよその位置にカーソルを置きます。

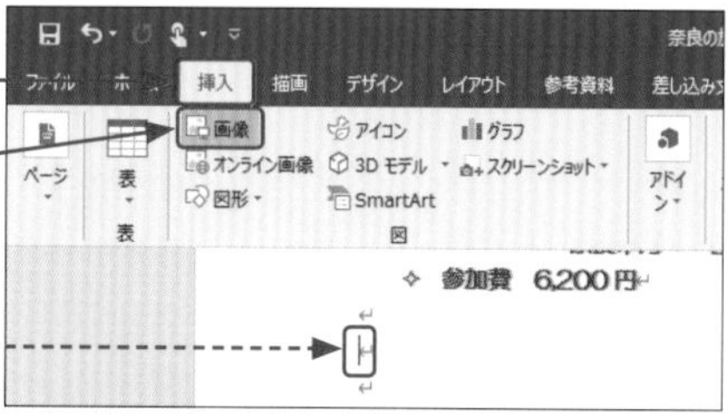

3 写真の保存先を指定して、

4 ファイルをクリックし、

5 ＜挿入＞をクリックします。

6 写真が挿入されます。

＜図ツール＞の＜書式＞タブが表示されます。

メモ 写真のサイズ変更

挿入された写真はサイズが大き過ぎる場合があります。写真の四隅にマウスポインターを合わせて、の形に変わったら、ドラッグしてサイズを変更します。

困った度

Question 02 写真を自由に移動したい

Answer 文字列の折り返しを<行内>以外にします。

1 写真をクリックして選択します。

2 <レイアウトオプション>をクリックして、

3 <文字列の折り返し>の<四角形>をクリックします。

4 <閉じる>をクリックして、ウィンドウを閉じます。

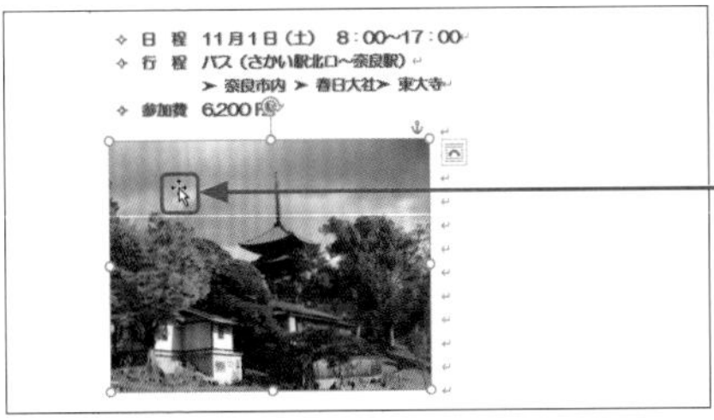

5 写真の上にマウスポインターを合わせると、の形になります。

6 そのままドラッグすると、写真を移動できます。

メモ 文字列の折り返し

手順3の<文字列の折り返し>では、文章と写真をどのように配置するかを指定します。ほとんどの写真は挿入された時点で<行内>に設定されます。自由に移動させるには、<行内>以外を選択します。

対応バージョン 2019 2016 2013 365

困った度

Question 03

写真の枠線の色や太さを変更したい

Answer ＜図の枠線＞から選択します。

1 写真をクリックして選択し、＜書式＞タブをクリックします。

2 ＜図の枠線＞のここをクリックして、

3 色（ここでは黄色）をクリックします。

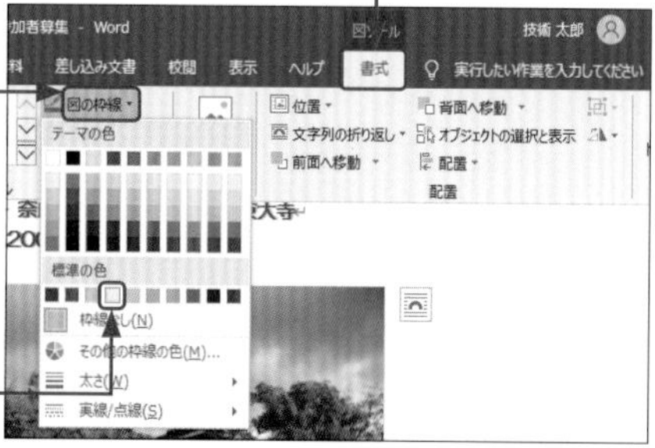

4 同様に、＜太さ＞にマウスポインターを合わせて、

5 太さ（ここでは＜4.5pt＞）をクリックします。

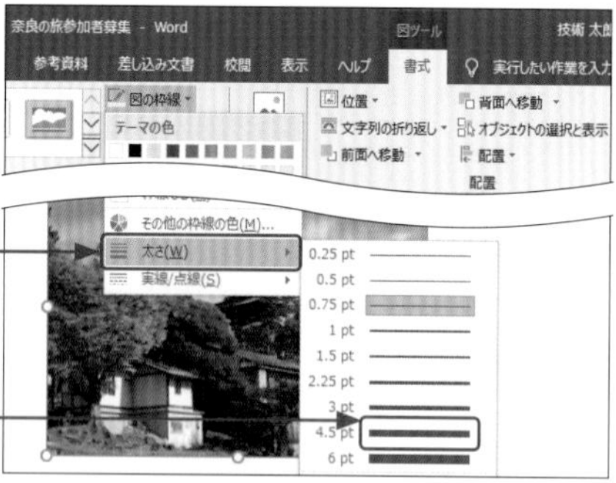

6 枠線が変更されます。

PART 5 写真・図形・イラストの挿入で困った！

対応バージョン 2019 2016 2013 365

Question 04

写真の周囲に影・光彩・ぼかしなどを付けたい

Answer ＜図の効果＞を利用します。

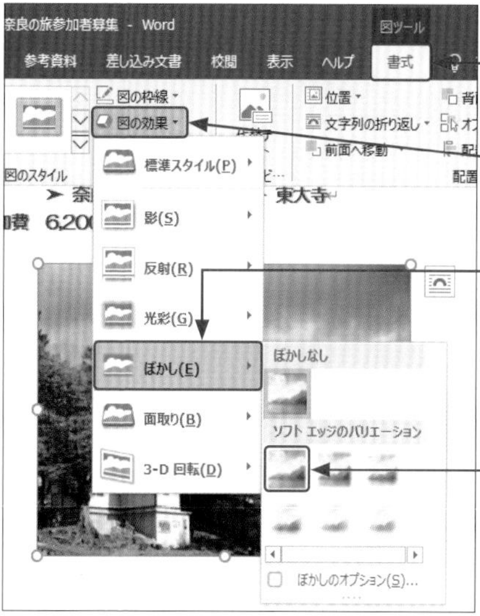

1 写真をクリックして選択し、＜書式＞タブをクリックします。

2 ＜図の効果＞をクリックし、

3 効果（ここでは＜ぼかし＞）にマウスポインターを合わせて、

4 種類をクリックすると、

5 写真に効果が付きます。

メモ 図の効果と解除

図の効果には影や反射、光彩、ぼかし、面取り、3-D回転が用意されています。種類にマウスポインターを合わせるとプレビューされるので参考にするとよいでしょう。効果を解除したい場合は、各種類の先頭にある＜（効果）なし＞をクリックします。

困った度

Question

05 写真の明るさ・コントラストなどを調整したい

Answer <書式>タブの<修整>を利用します。

1 写真をクリックして選択し、<書式>タブをクリックします。

2 <修整>をクリックし、

3 <明るさ/コントラスト>から
ちょうどよいものをクリックします。

4 写真の明るさが変更されます。

メモ 色を変更する

<書式>タブの<色>をクリックすると、写真の色の彩度やトーンを変更できます。

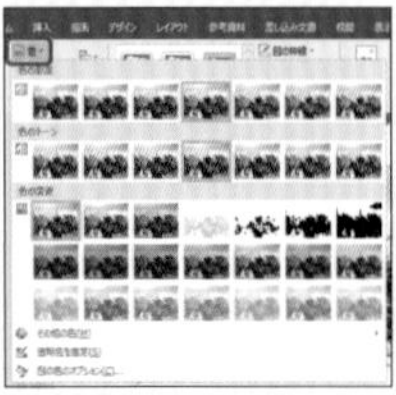

対応バージョン
2019 2016 2013 365

困った度

Question 06

写真を切り抜いて一部分だけ表示させたい

Answer <トリミング>を利用します。一部を非表示にしますが、もとの写真ファイルには影響がありません。

1 写真をクリックして選択し、<書式>タブをクリックします。

2 <トリミング>の上部をクリックすると、

3 ハンドルが表示されます。

4 ハンドルをドラッグして不要な部分を隠します。

5 写真以外の部分をクリックすると、

6 一部分だけ表示されます。

対応バージョン 2019 2016 2013 365

困った度

Question 07

写真の背景を透明にしたい

Answer <背景の削除>を利用します。
背景を削除しても、もとの写真はそのままです。

1 写真をクリックして選択し、<書式>タブをクリックします。

2 <背景の削除>をクリックします。

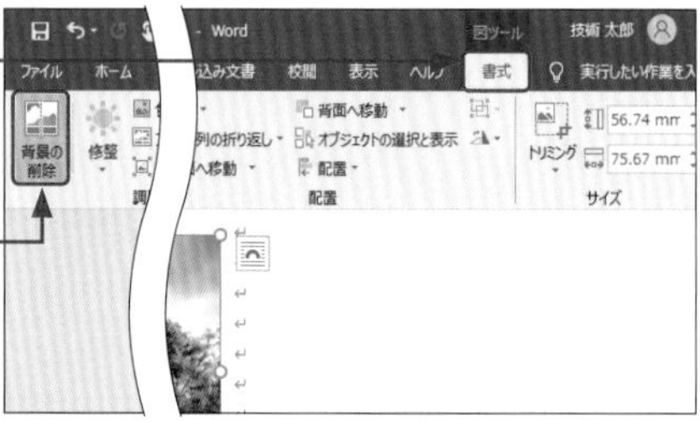

3 <保持する領域としてマーク>をクリックして、

不要な部分は<削除する領域としてマーク>で指定します。

4 削除しない範囲をクリックします。

5 <変更を保持>をクリックすると、

6 背景が透明になります。

PART 5 写真・図形・イラストの挿入で困った！

対応バージョン 2019 2016 2013 365

困った度

Question 08

ワードアートを使いたい

Answer

ワードアートは、テキストボックスを使って書式設定された文字です。

1 <挿入>タブをクリックして、

2 <ワードアート>をクリックし、

3 ワードアートの1つをクリックします。

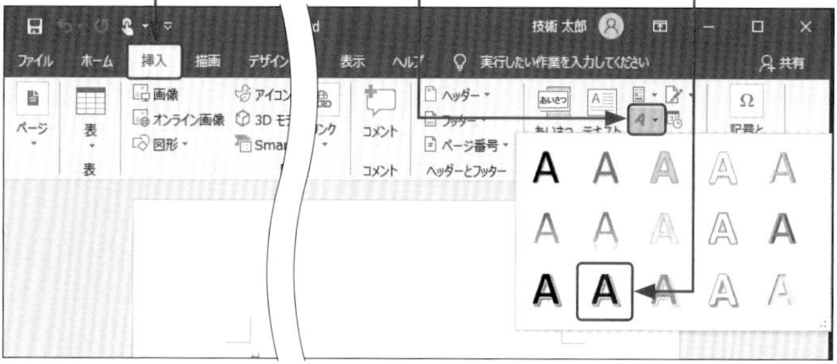

4 ワードアートが挿入されるので、

5 文字を入力します。

メモ 入力済みの文字をワードアートにする

入力した文字列を選択してから、手順1～3の操作をすると、その文字列がワードアートに変更されます。

対応バージョン 2019 2016 2013 365

困った度

Question 09

ワードアートのスタイルを変更したい

Answer ＜ワードアートのスタイル＞から選択します。

1 P.141で作成したワードアートの枠をクリックして選択します。

2 ＜書式＞タブをクリックして、

3 ＜クイックスタイル＞をクリックし、

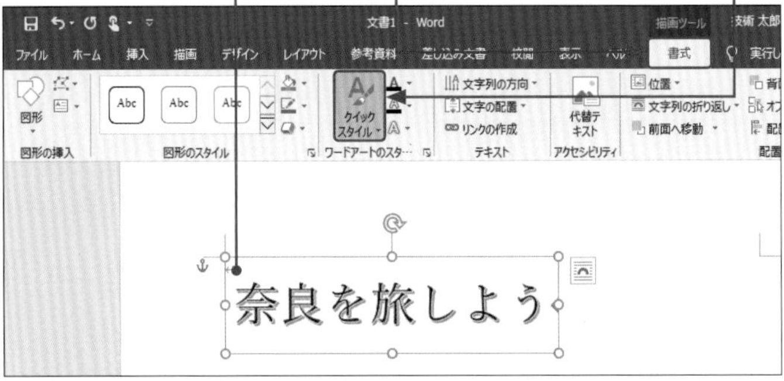

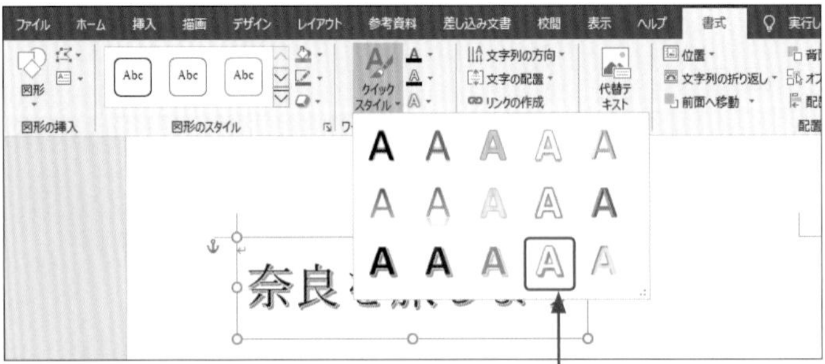

4 変更したいスタイルをクリックします。

5 スタイルが変更されます。

対応バージョン 2019 2016 2013 365

困った度

Question 10 ワードアートの色や形を変更したい

Answer ワードアートの<文字の塗りつぶし>や<文字の効果>を利用します。

1 ワードアートを選択し、<書式>タブをクリックします。

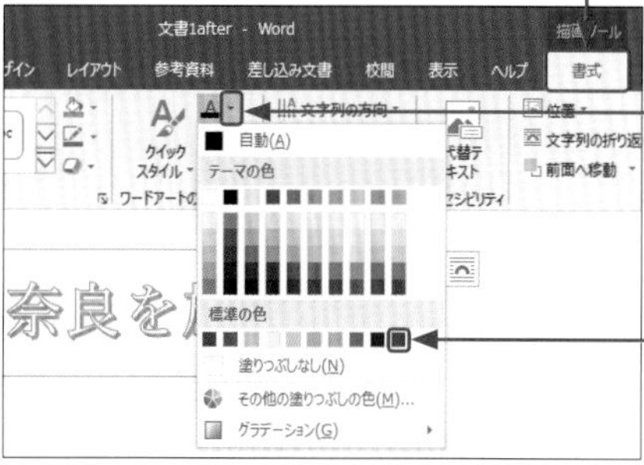

2 <文字の塗りつぶし>のここをクリックし、

3 色（ここでは<紫>）をクリックします。

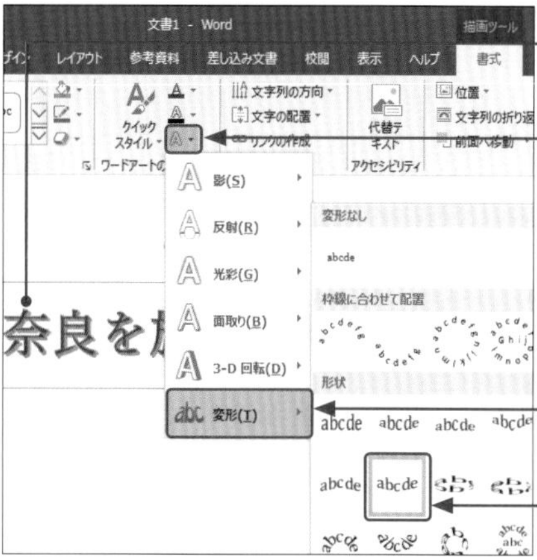

4 ワードアートの色が変わります。

5 同様に、<文字の効果>をクリックして、

6 効果（ここでは<変形>）をクリックし、

7 種類（ここでは<シェブロン：下>）をクリックします。

8 ワードアートの形が変わります。

▶ 対応バージョン 2019 2016 2013 365

困った度

Question 11

図形のサイズを変更したい

Answer ハンドルをドラッグするとサイズを変更できます。

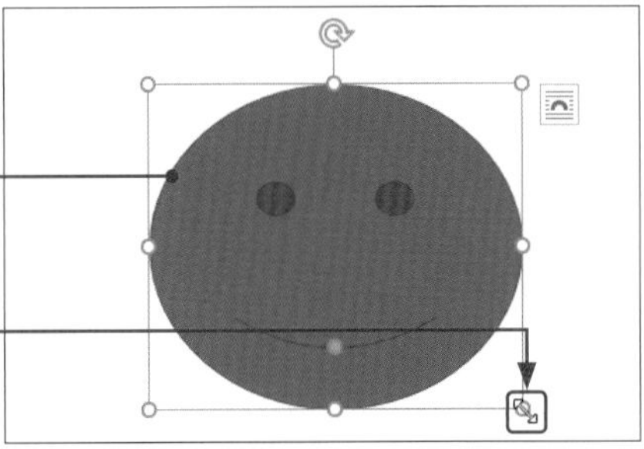

1 図形をクリックして選択します。

2 枠上のハンドル○にマウスポインターを合わせて、に変化したら、

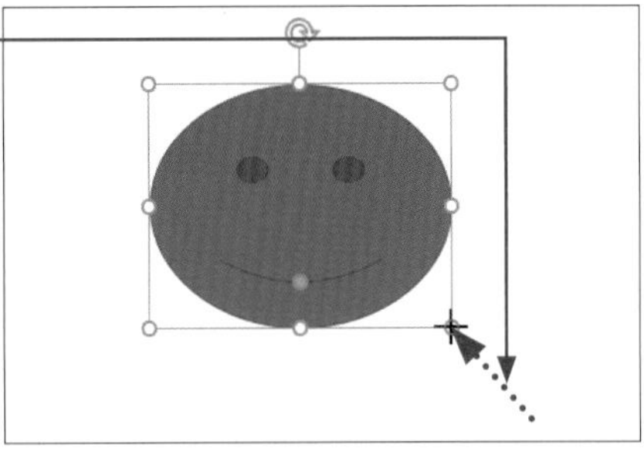

3 ドラッグすると、

参考 縦横比を固定する

手順3で Shift を押しながらドラッグすると、縦横比を固定したままサイズを変更できます。

4 図形のサイズが変更されます。

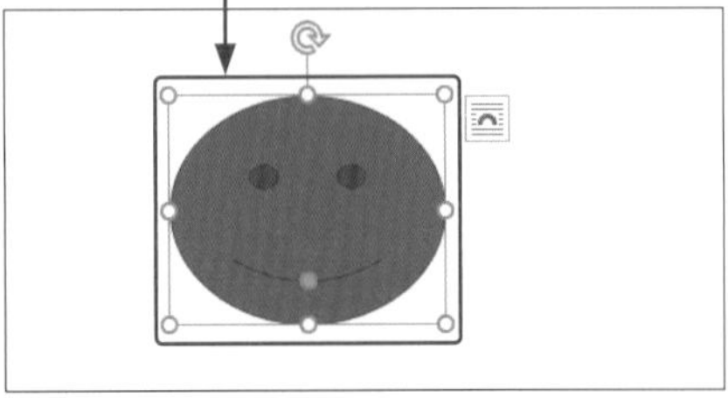

メモ もとのサイズに戻す

サイズを変更した直後なら、クイックアクセスツールバーの＜元に戻す＞をクリックすると、もとのサイズに戻ります。

対応バージョン 2019 2016 2013 365

Question 12

図形の色を変更したい

Answer ＜図形の塗りつぶし＞で色を選択します。

1 図形をクリックして選択し、＜書式＞タブをクリックします。

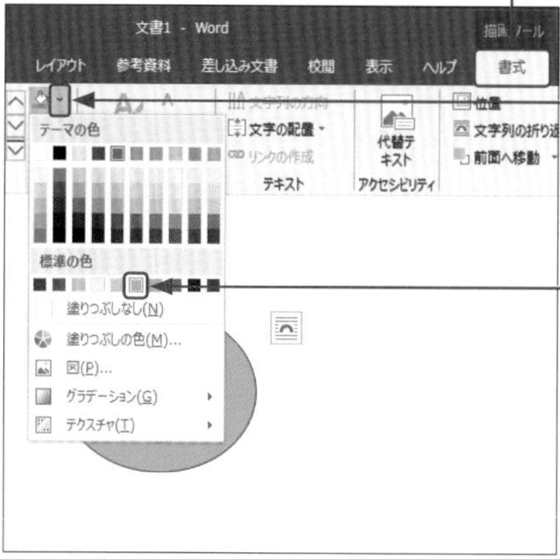

2 ＜図形の塗りつぶし＞のここをクリックし、

3 色（ここでは＜緑＞）をクリックします。

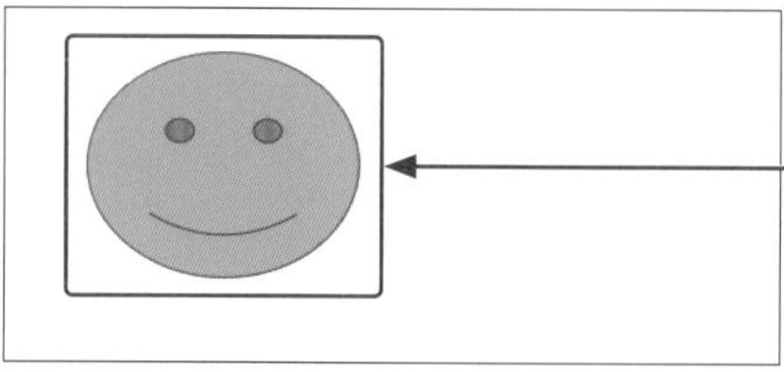

4 図形の色が変わります。

メモ 図形と枠線の色

図形は、内部と枠線とで描かれます。そのため、内部を塗りつぶしても枠線の色は変わりません。図形全体の色を変更したい場合は、枠線の色も変更する必要があります（P.146参照）。

▶ 対応バージョン 2019 2016 2013 365

困った度

Question 13

図形の枠線の色や太さを変更したい

Answer <図形の枠線>から色や線の太さを選択します。

1 図形をクリックして選択し、<書式>タブをクリックします。

2 <図形の枠線>のここをクリックし、

3 色(ここでは<オレンジ>)をクリックします。

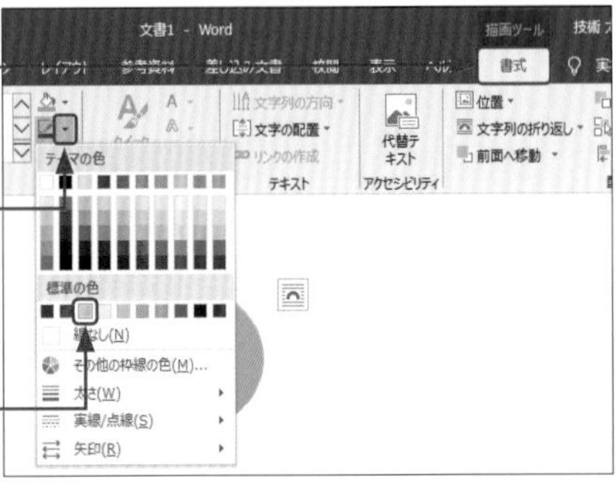

4 <図形の枠線>のここをクリックして、

5 <太さ>にマウスポインターを合わせ、

6 太さ(ここでは<3pt>)をクリックします。

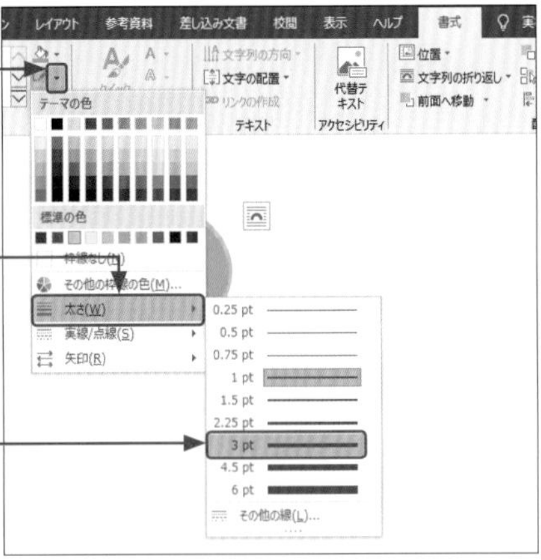

7 枠線の色と太さが変わります。

メモ 枠線をなしにする

枠線の色を内部と同じにする場合は、手順**3**で<線なし>にしてもかまいません。

対応バージョン 2019 2016 2013 365

Question 14

図形を回転させたい

Answer 図形の回転ハンドルをドラッグします。
または、＜オブジェクトの回転＞を利用します。

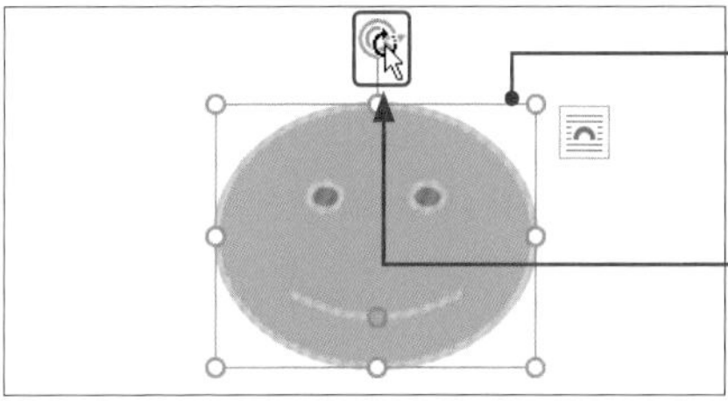

1 図形をクリックして選択します。

2 図形の上部にある回転ハンドルにマウスポインターを合わせて、の形に変わったら、

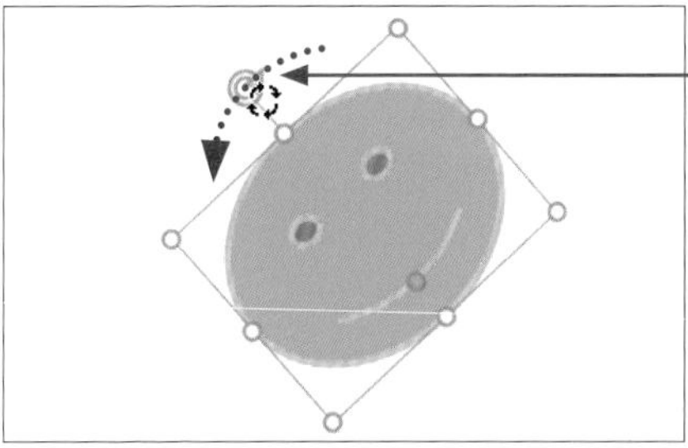

3 回転させる方向にドラッグします。

参考 オブジェクトの回転を利用する

＜書式＞タブの＜オブジェクトの回転＞をクリックして、回転角度をクリックすると、図形をかんたんに回転できます。
＜その他の回転オプション＞をクリックすると、＜レイアウト＞ダイアログボックスの＜サイズ＞タブが表示されるので、＜回転角度＞で角度を自由に設定できます。

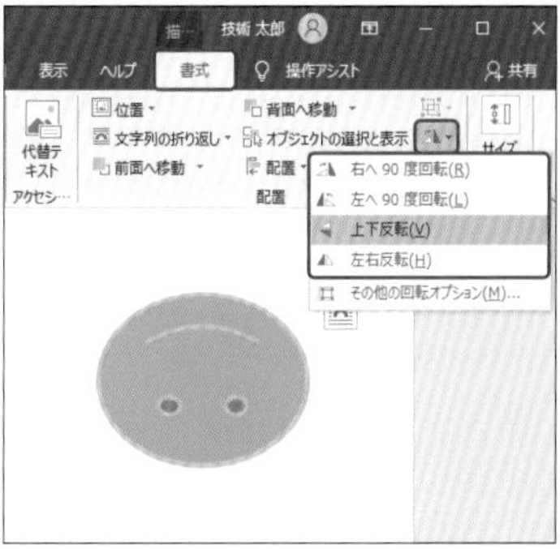

困った度

Question 15 図形にグラデーションを設定したい

Answer <図形の塗りつぶし>で色を選択後、グラデーションを設定します。

1 図形を作成して、P.145の手順1～3までを操作します。

2 <グラデーション>にマウスポインターを合わせて、

3 種類(ここでは<中央から>)をクリックします。

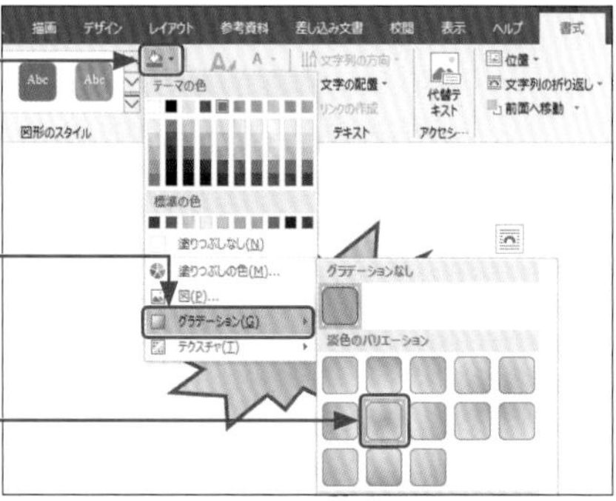

4 グラデーションが設定されます。

参考 グラデーションを細かく設定する

手順3で<その他のグラデーション>をクリックすると、<図形の書式設定>作業ウィンドウが開きます。種類や方向、グラデーションの分岐点、透明度など変更することができます。

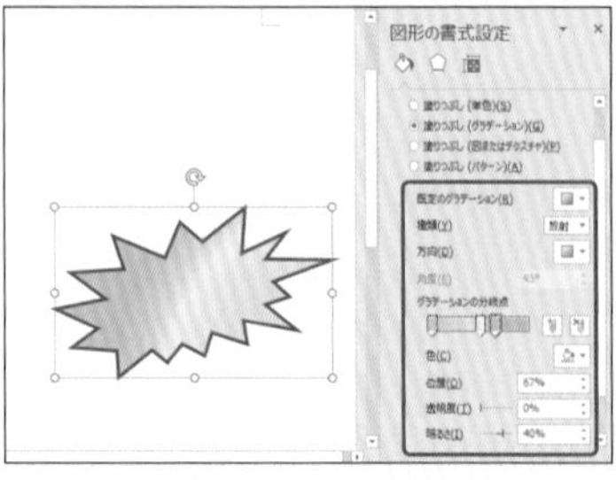

対応バージョン 2019 2016 2013 365

困った度

Question 16

図形にテクスチャを設定したい

Answer <図形の塗りつぶし>で色を選択後、テクスチャ（地紋）を設定します。

1 図形を作成して、P.145の手順1～3までを操作します。

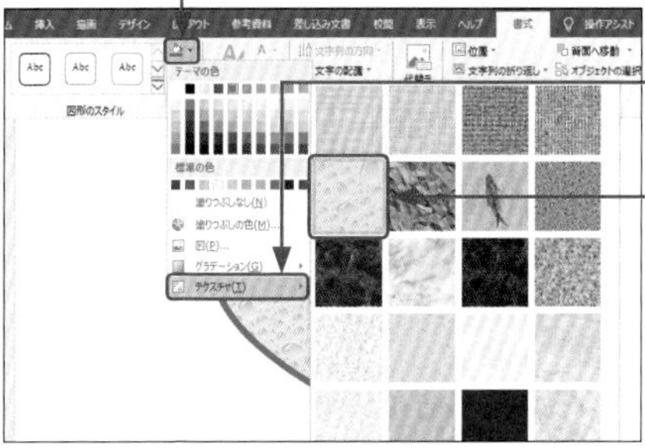

2 <テクスチャ>にマウスポインターを合わせて、

3 種類（ここでは<しずく>）をクリックします。

4 テクスチャが設定されます。

メモ テクスチャ

テクスチャとは、図形の表面に質感を表現するための画像のことです。テクスチャを設定すると、<図ツール>の<書式>タブが表示され、テクスチャ（画像）の編集もできます。

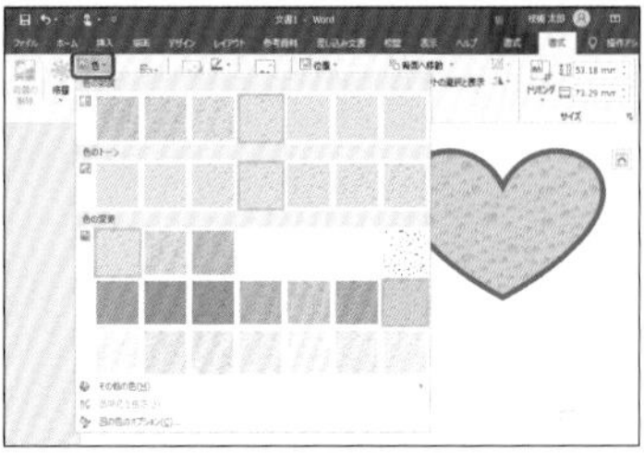

困った度

Question 17

図形を整列して配置したい

Answer 複数の図形の間隔を均等に配置したり、用紙や余白に合わせて整列できます。

ここでは、余白に合わせて複数の図形を左右均等に配置します。

1 Shift を押しながら複数の図形をクリックして選択します。

2 <書式>タブをクリックして、

3 <配置>をクリックし、

4 <余白に合わせて配置>をクリックしてオンにします。

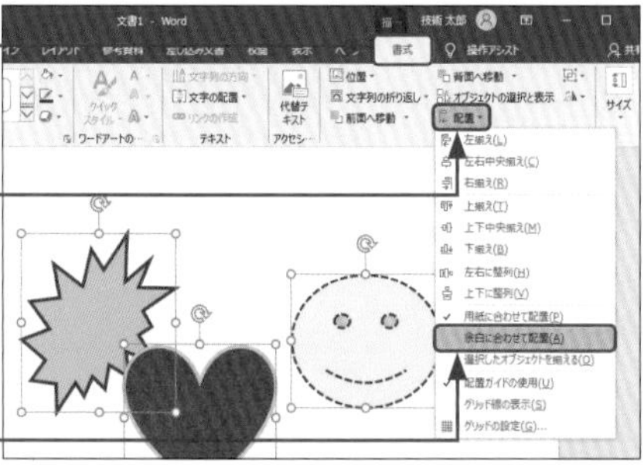

5 再度<配置>をクリックして、

6 <左右に整列>をクリックすると、

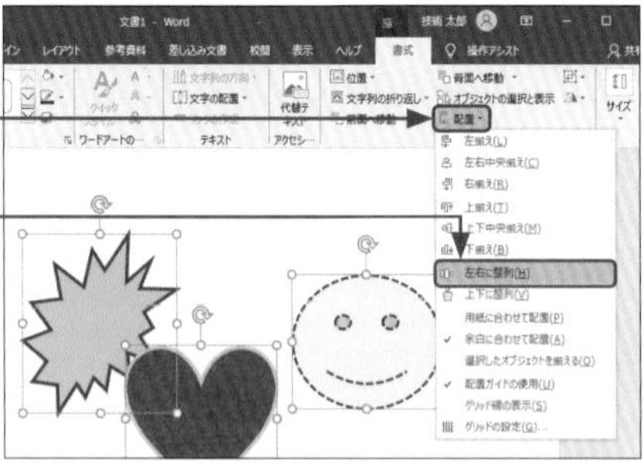

7 複数の図形がページ内に均等に配置されます。

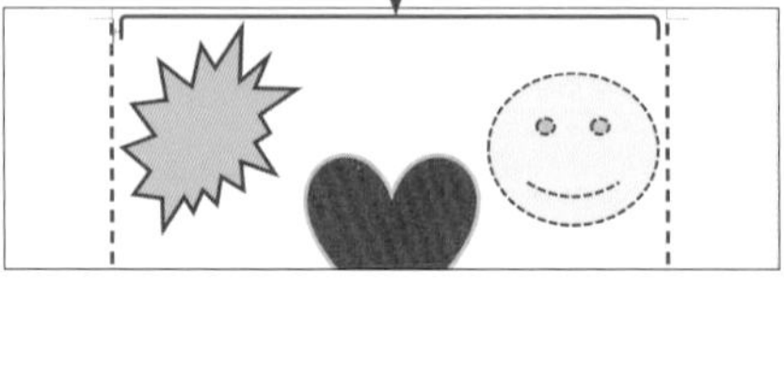

参考 整列する基準

ここでは余白を基準に整列していますが、手順4で<用紙に合わせて配置>や<選択したオブジェクトを揃える>を選択すると、配置が変わります。

対応バージョン 2019 2016 2013 365

Question 18

複数の図形をまとめて操作したい

Answer グループ化すると、複数の図形を同時に同じ書式にしたり、移動したりできます。

1 Shift を押しながら複数の図形をクリックして選択します。

2 <書式>タブをクリックして、

3 <オブジェクトのグループ化>をクリックし、

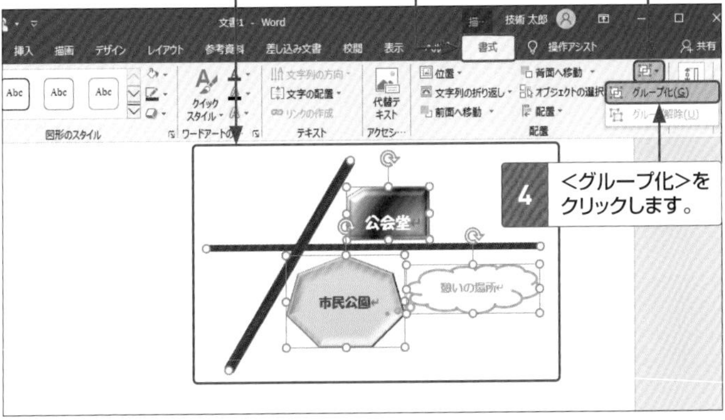

4 <グループ化>をクリックします。

5 図形がグループ化されます。

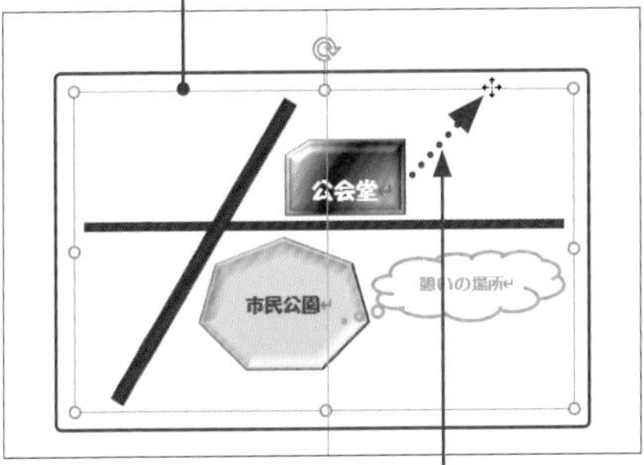

6 グループで移動ができます。

メモ **グループ化の解除**

グループ化した図形を選択して、<書式>タブの<オブジェクトのグループ化> をクリックし、<グループ解除>をクリックします。

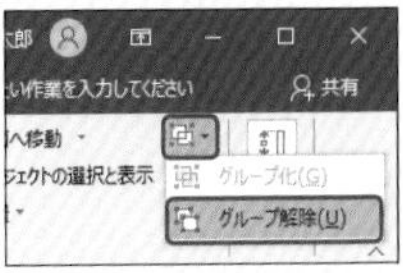

困った度

Question 19 図形に文字を入力したい

Answer 図形を右クリックして＜テキストの追加＞をクリックします。吹き出しは挿入するとすぐに入力できます。

1 図形を右クリックして、

2 ＜テキストの追加＞をクリックします。

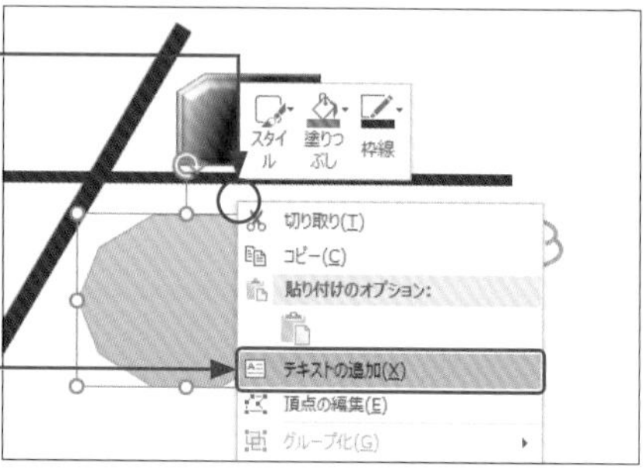

3 文字を入力します。

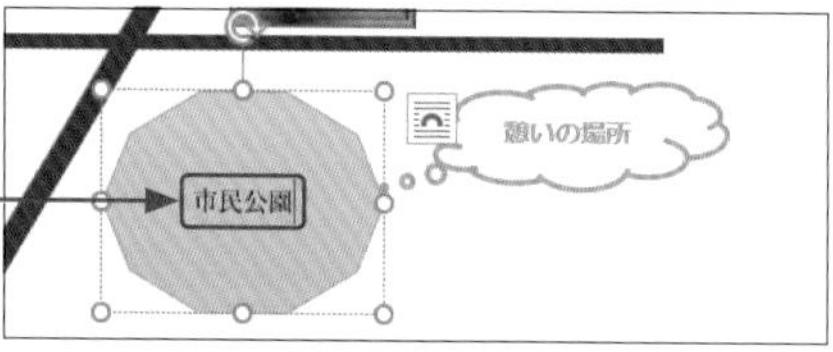

4 フォントや図形の色を変更します。

対応バージョン 2019 2016 2013 365

メモ 吹き出し

吹き出しは文字を入れる図形のため、挿入するとすぐに文字を入力できるように、カーソルが表示されます。

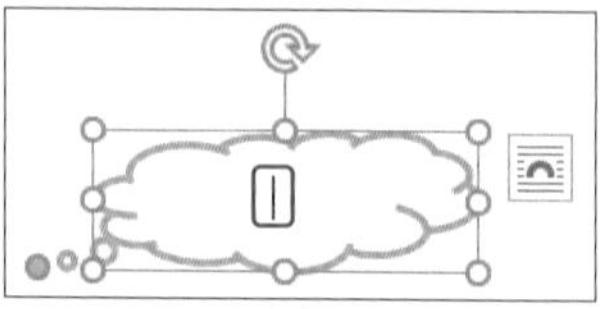

困った度 😖😖😖😖😖

Question 20

図形の重なり順を変更したい

Answer <前面へ移動><背面へ移動>を利用します。
また、<選択>作業ウィンドウを使うと便利です。

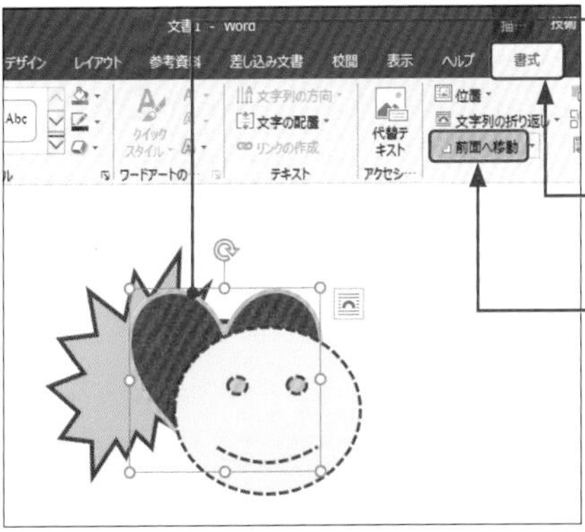

1 図形をクリックして選択します（ここではハート）。

2 <書式>タブをクリックして、

3 <前面へ移動>をクリックすると、

4 前の図の上に移動します。

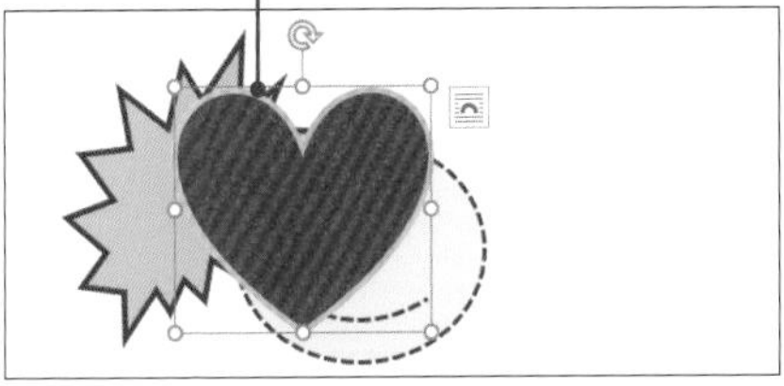

メモ 下へ移動する

重なりの下へ移動させるには<背面へ移動>をクリックし、一番下へ移動させるには▼をクリックして、<最背面へ移動>をクリックします。

参考 <選択>作業ウィンドウを利用する

<書式>タブの<オブジェクトの選択と表示>をクリックすると、<選択>作業ウィンドウが表示されます。図形をドラッグして移動すると、図形の重なり順を変更できます。

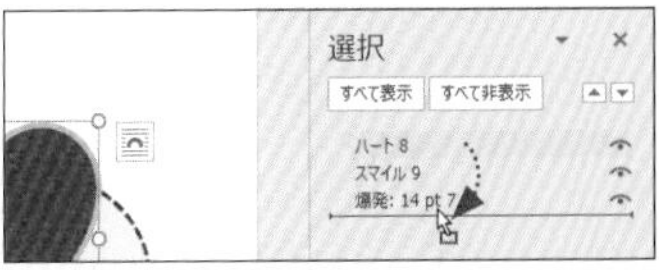

Question 21

SmartArtを挿入したい

Answer SmartArtを使うと、階層構造や循環図などをかんたんに作成できます。

ここでは階層を挿入します。

1 <挿入>タブをクリックして、

2 <SmartArt>をクリックします。

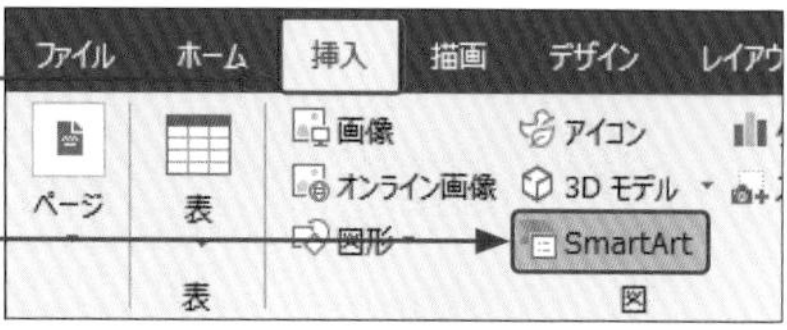

3 <階層構造>をクリックして、

4 <階層>をクリックし、

5 <OK>をクリックします。

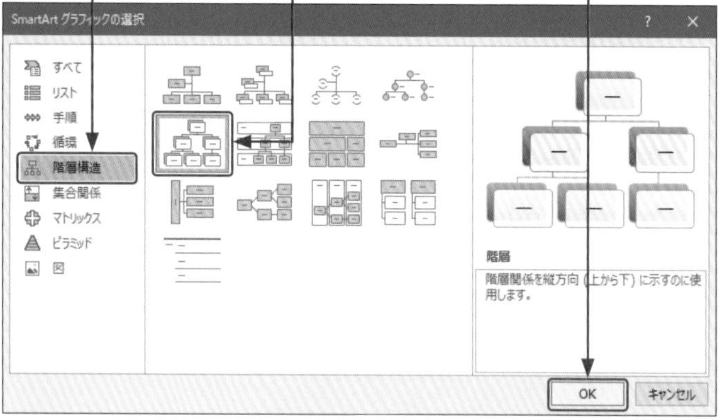

6 階層が挿入されます。

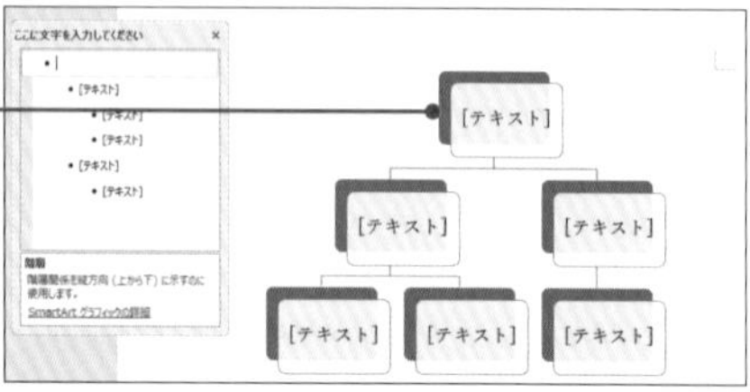

7 テキストボックスに入力すると、

8 図に文字が入力されます。

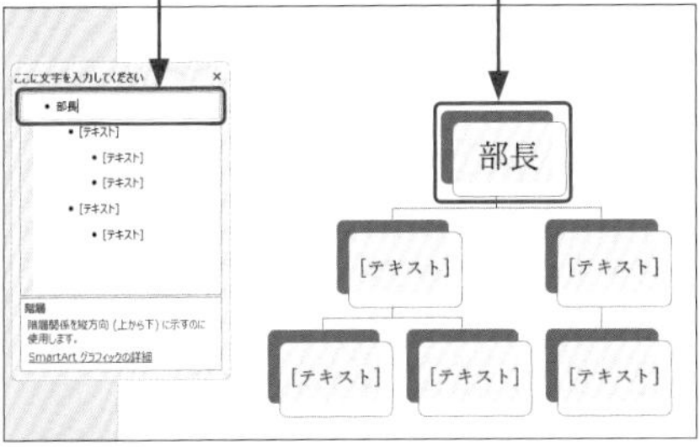

メモ 図形中の文字入力

ここではテキストボックスを利用していますが、図形をクリックして直接入力することができます。

9 同様に、ほかの図形も文字を入力します。

10 <色の変更>をクリックして、

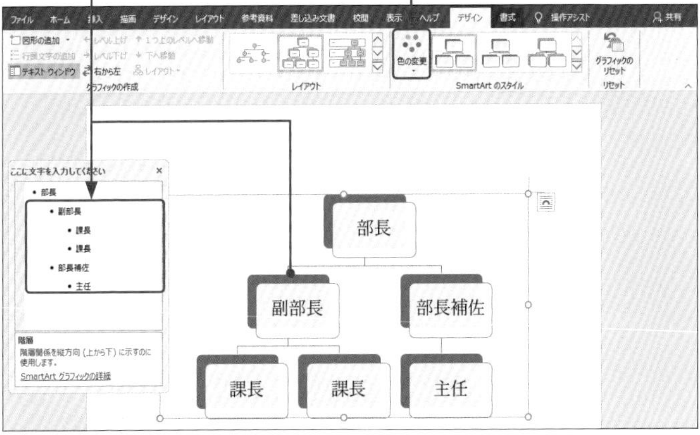

11 スタイルをクリックすると、

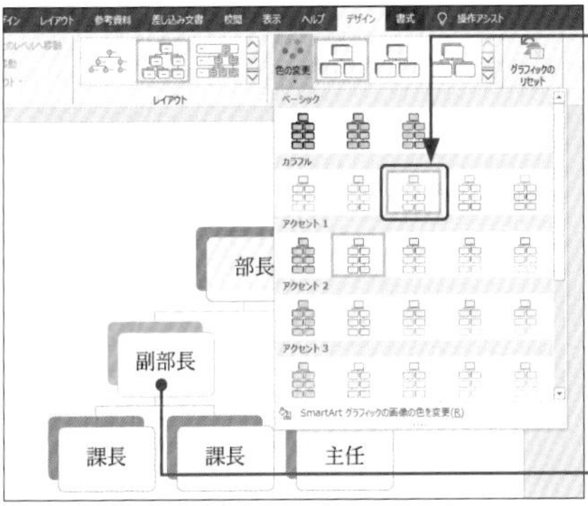

12 スタイルを変更できます。

困った度

Question 22

画面上の地図を挿入したい

Answer ＜スクリーンショット＞を利用します。

1 Webブラウザなどで地図を表示しておきます。

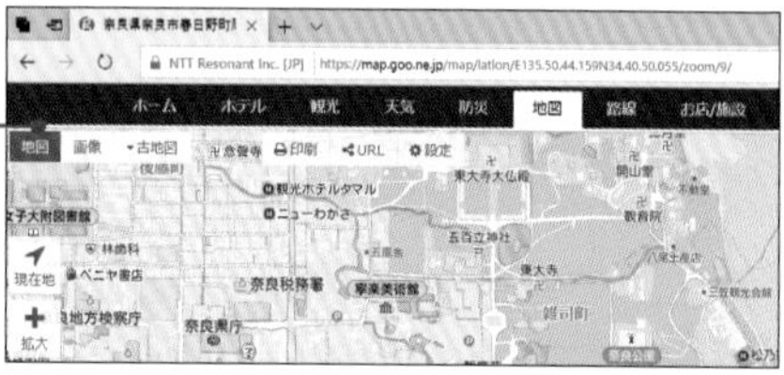

2 Word文書を開き、地図を挿入する位置にカーソルを移動します。

3 ＜挿入＞タブをクリックして、

4 ＜スクリーンショット＞をクリックし、

5 ＜画像の領域＞をクリックします。

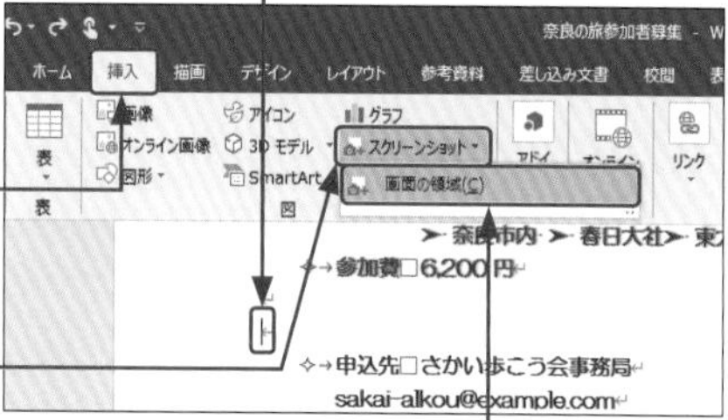

6 地図の画面に切り替わります。

7 範囲の左上からドラッグします。

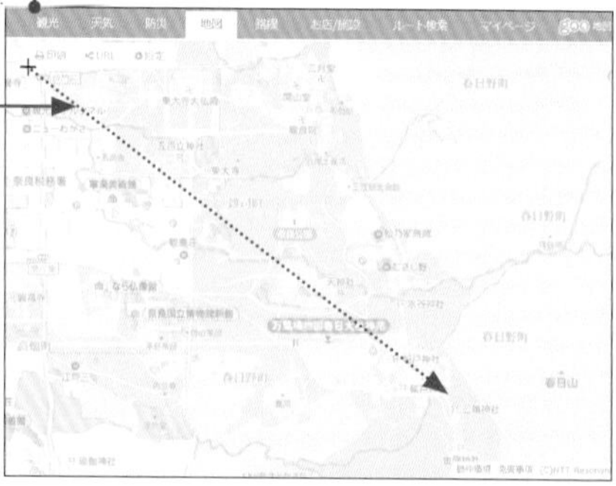

メモ スクリーンショット

スクリーンショットは画面を切り取り、貼り付ける機能です。必要な画面以外は終了しておきます。

PART 5 写真・図形・イラストの挿入で困った！

対応バージョン 2019 2016 2013 365

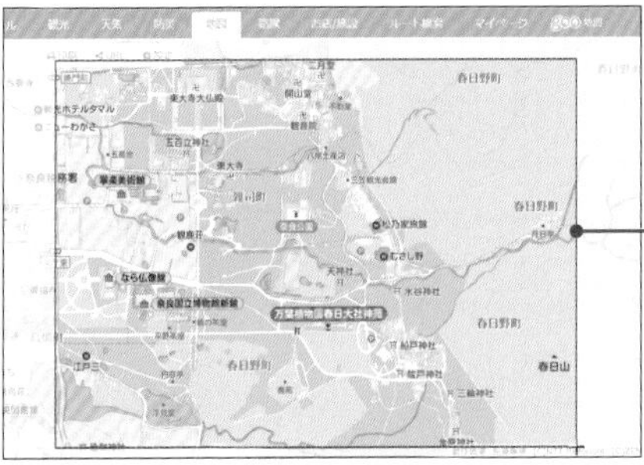

8 範囲が選択されます（「メモ」参照）。

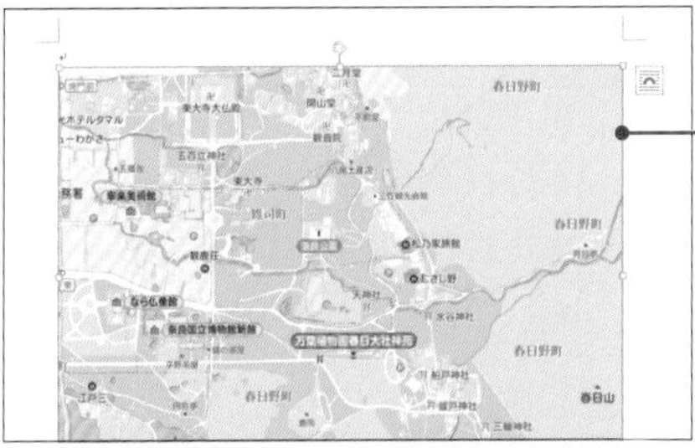

9 すぐに文書内に画像が挿入されます。

10 サイズや位置を調整します（P.135参照）。

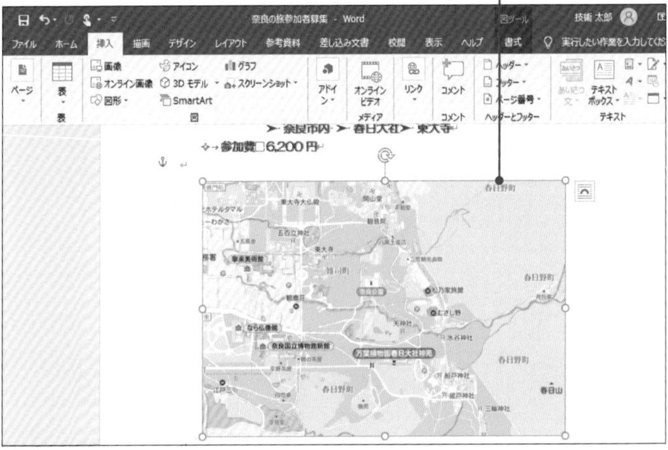

メモ スクリーンショットのやり直し

手順**8**で範囲がうまく選択できなかった場合は、挿入された地図を Delete を押して削除してから、再度やり直します。この操作は何度繰り返してもかまいません。

困った度

Question 23 イラストを挿入したい

Answer ＜オンライン画像＞でインターネット上のイラストを検索して挿入します。

1 ＜挿入＞タブをクリックして、

2 ＜オンライン画像＞をクリックします。

3 キーワードを入力して（ここでは「紅葉」）、Enter をクリックします。

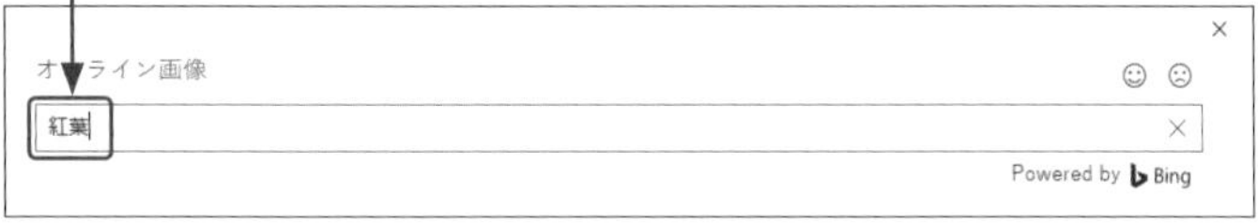

4 ＜フィルター＞をクリックして、

5 ＜クリップアート＞をクリックします。

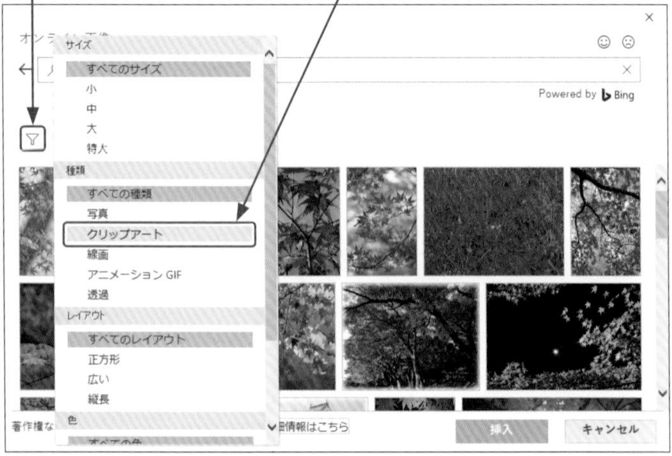

PART 5 写真・図形・イラストの挿入で困った！

対応バージョン 2019 2016 2013 365

6 紅葉のイラストが検索されます。

7 使用したいイラストをクリックして、

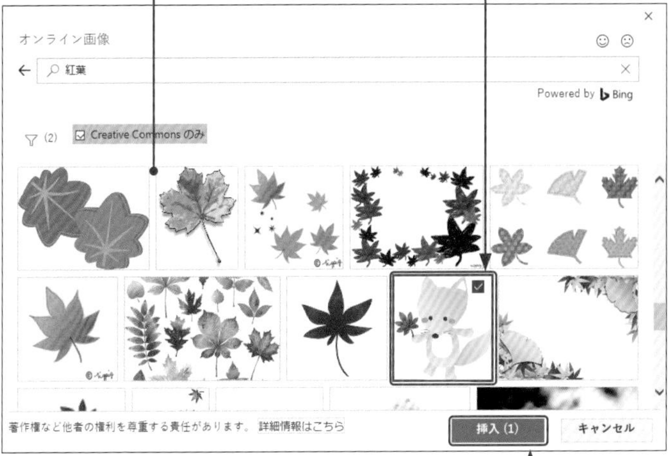

8 <挿入>をクリックします。

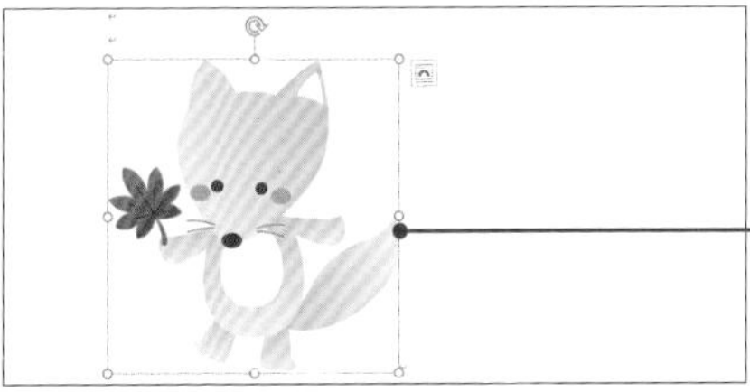

9 イラストが挿入されます。

10 イラストのサイズを変更して、移動します（P.134、135参照）。

参考 インターネット上の著作物

インターネット上のイラストや写真は著作権があります。 イラストをクリックして ··· をクリックし、作品の提供元で自由に利用できるかどうか確認しましょう。

困った度

Question 24

アイコンを挿入したい

Answer ピストグラムのようなアイコンが用意されています（Word 2019、Office 365のみ）。

1 <挿入>タブをクリックして、

2 <アイコン>をクリックします。

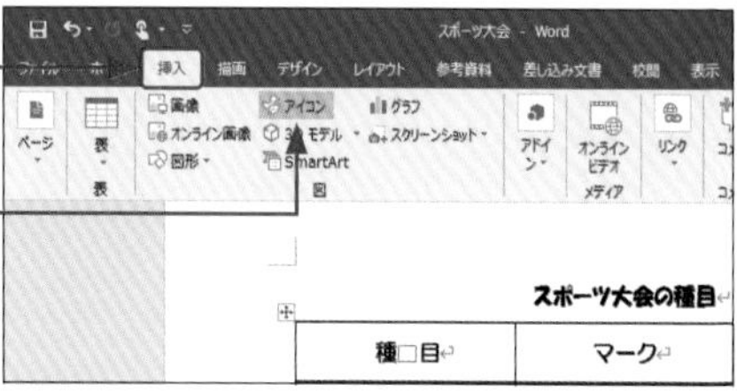

3 挿入したいアイコンをクリックして、

4 <挿入>をクリックします。

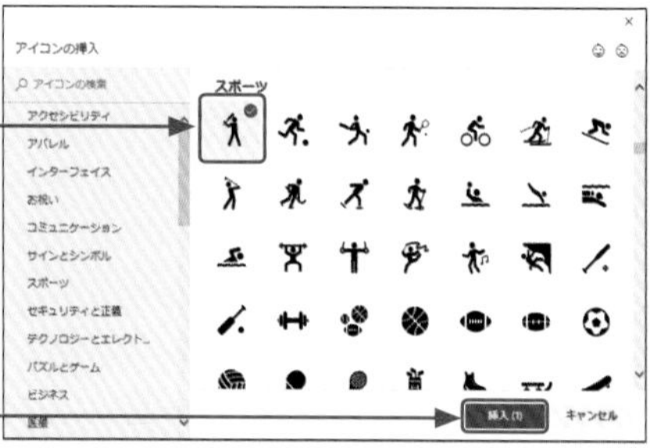

5 アイコンが挿入されるので、サイズを変更して配置します。

メモ アイコン

Wordのアイコンは、ピストグラムのようなイラストのことです。イラストと同様に、移動やサイズ・色の変更が可能です。

対応バージョン 2019 2016 2013 365

Question 25

アイコンの線や色を変更したい

Answer グラフィックの枠線、グラフィックの塗りつぶしで色を選択します。

1 アイコンを選択して、＜グラフィックツール＞の＜書式＞タブをクリックします。

2 ＜グラフィックの塗りつぶし＞の右側をクリックして、

3 色（ここでは＜薄い青＞）をクリックします。

4 アイコンの色が変わります。

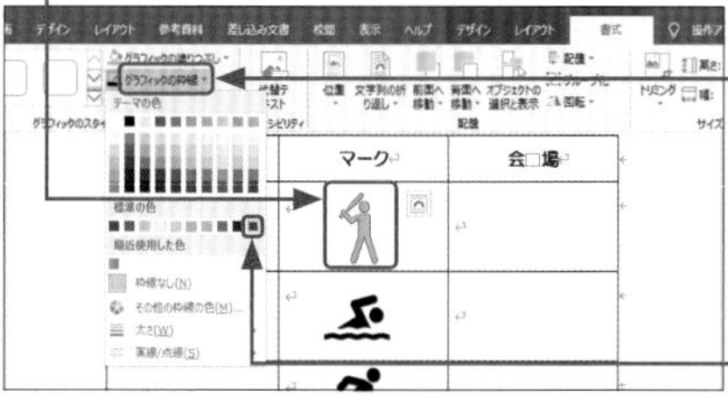

5 ＜グラフィックの枠線＞の右側をクリックして、

6 色（ここでは＜紫＞）をクリックします。

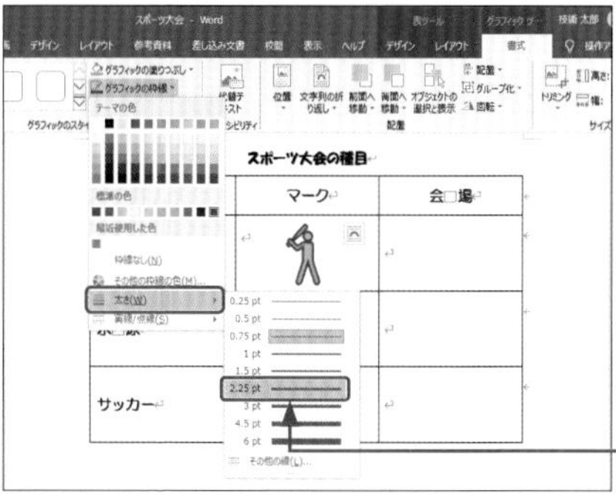

7 さらに＜太さ＞を＜2.25pt＞にします。

メモ グラフィックの枠線

アイコンの種類によっては、枠線がないものもあります。

Question 26

アイコンを図形として扱いたい

Answer <図形に変換>を利用します。

1 アイコンを選択して、<グラフィックツール>の<書式>タブをクリックします。

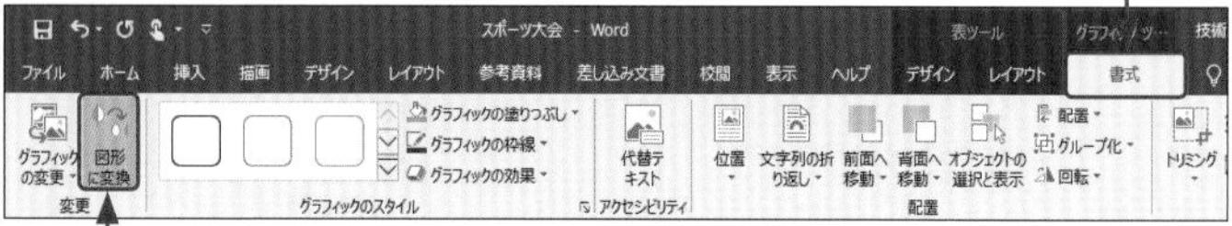

2 <図形に変換>をクリックします。

3 <はい>をクリックします。

4 図形に変換されます。

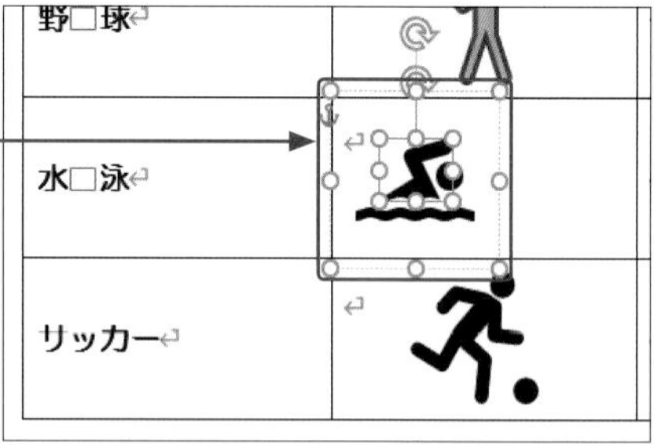

参考 パーツを個別に選択する

アイコンを図形に変換すると、パーツを個別に選択できるようになります。それぞれのパーツで、色やサイズを変更することができます。

PART 6

表の作成で困った！

Question 01

文書内に表を作成したい

Answer 行数と列数を指定するだけで表を作成できます。

1 表を作成する位置にカーソルを移動します。

2 <挿入>タブをクリックして、

3 <表>をクリックし、

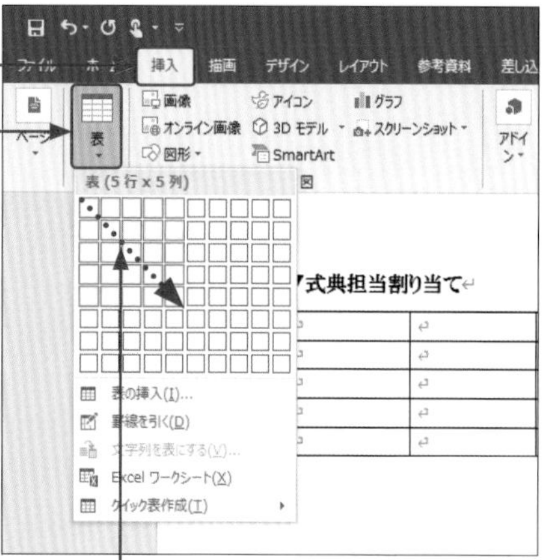

4 行と列数をドラッグして指定します。

5 指定した行・列数の表が挿入されます。

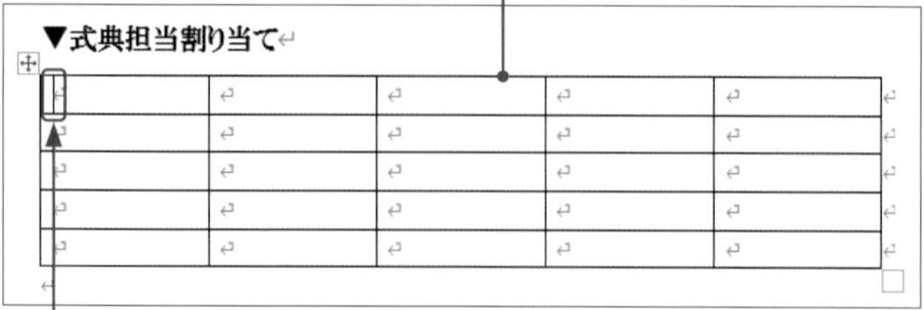

6 カーソルのあるセルに入力ができます。

メモ 表ツールの表示

表を作成すると、<表ツール>の<デザイン>タブと<レイアウト>タブが表示されます。

メモ セル

表の1つ1つのマス目をセルと呼びます。

困った度

Question 02

行高・列幅を変更したい

Answer 行や列の罫線をドラッグします。

1 列の縦線にマウスポインターを合わせて、+||+に変わったら、

▼式典担当割り当て

部 署	氏 名	担 当	集合時間	備 考
営業部	青木 啓二郎	司会	9：00	台本準備
企画部	加賀美 遥	受付	9：30	6 名
総務部	斎藤 大輔	誘導	9：30	5 名
財務部	田辺 雄哉	会計	9：00	控室 A 使用

2 左(右)へドラッグすると、

▼式典担当割り当て

部 署	氏 名	担 当	集合時間	備 考
営業部	青木 啓二郎	司会	9：00	台本準備
企画部	加賀美 遥	受付	9：30	6 名
総務部	斎藤 大輔	誘導	9：30	5 名
財務部	田辺 雄哉	会計	9：00	控室 A 使用

3 列の幅が変わります。

メモ 行の高さを変更する

行の罫線にマウスポインターを合わせて、÷に変わったら、上（下）へドラッグします。

▼式典担当割り当て

部 署	氏 名	担 当
営業部	青木 啓二郎	司会
企画部	加賀美 遥	受付
総務部	斎藤 大輔	誘導

困った度

Question 03

行高・列幅を揃えたい

Answer ＜高さを揃える＞、＜列幅を揃える＞機能を利用します。また、数値でも指定できます。

1 ここをクリックして、表を選択します。

2 ＜表ツール＞の＜レイアウト＞タブをクリックして、

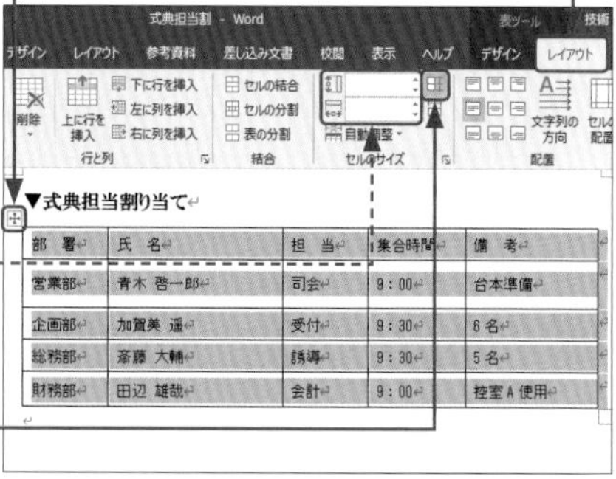

表を選択して、＜表ツール＞の＜レイアウト＞タブの列と高さの各ボックスで数値を入力しても揃えられます。

3 ＜高さを揃える＞をクリックすると、

4 各行の高さが揃います。

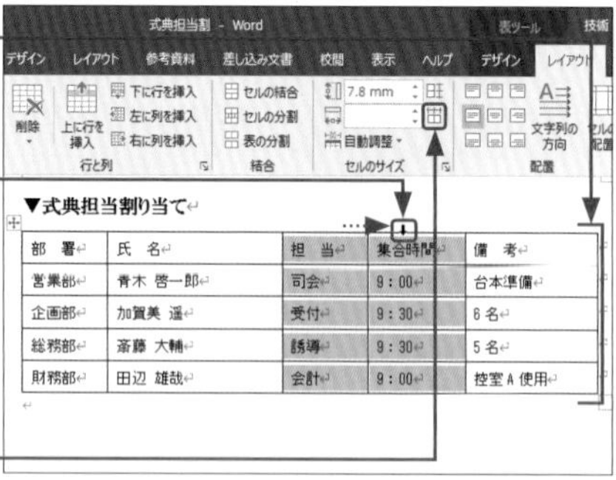

5 列の先頭にマウスポインターを移動して、⬇の形に変わったらクリックし、右へドラッグして複数の列を選択します。

6 ＜列幅を揃える＞をクリックすると、

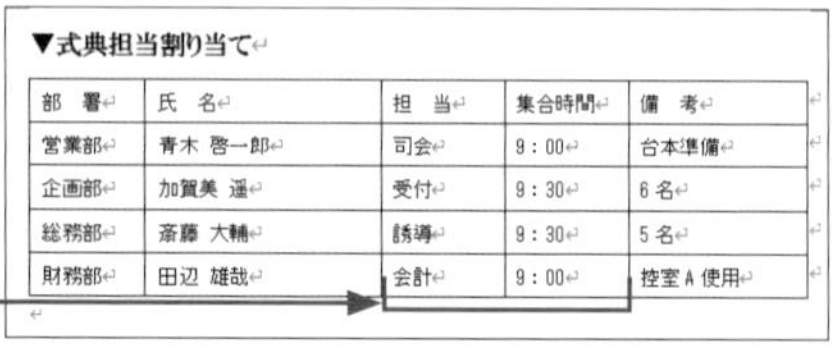

7 指定した列の列幅が揃います。

困った度

Question 04

行・列を移動したい

Answer 行や列を選択して、ドラッグすると移動できます。

1 行の左端にマウスポインターを移動して、↗の形に変化したらクリックし、行を選択します。

2 そのまま移動先へドラッグすると、

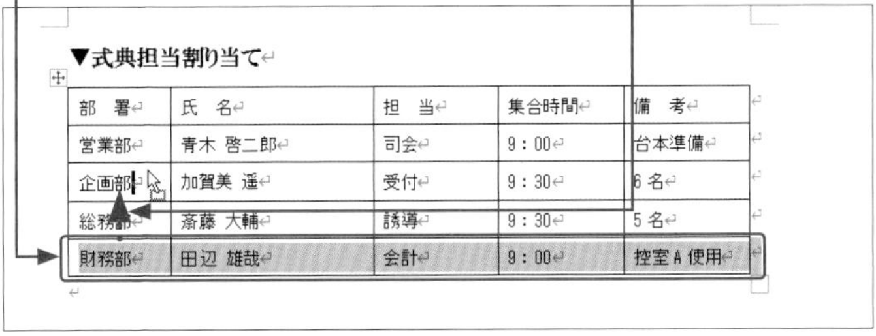
▼式典担当割り当て

部　署	氏　名	担　当	集合時間	備　考
営業部	青木 啓二郎	司会	9：00	台本準備
企画部	加賀美 遥	受付	9：30	6 名
総務部	斎藤 大輔	誘導	9：30	5 名
財務部	田辺 雄哉	会計	9：00	控室 A 使用

3 移動します。

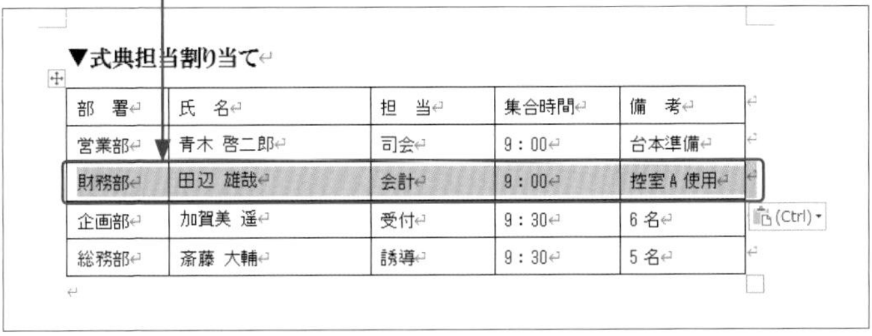
▼式典担当割り当て

部　署	氏　名	担　当	集合時間	備　考
営業部	青木 啓二郎	司会	9：00	台本準備
財務部	田辺 雄哉	会計	9：00	控室 A 使用
企画部	加賀美 遥	受付	9：30	6 名
総務部	斎藤 大輔	誘導	9：30	5 名

メモ 列の移動

列も同様にしてドラッグすると移動できます。ただし、列の幅が異なる場合に移動すると、表の幅が変わることがあるので注意が必要です。

メモ そのほかの方法

＜ホーム＞タブの＜切り取り＞→＜貼り付け＞、ショートカットキーの Ctrl ＋ X（切り取り）→ Ctrl ＋ V（貼り付け）でも移動ができます。

困った度

Question

05 行・列を挿入したい

Answer 挿入マークをクリックするだけで挿入できます。

1 挿入したい行にマウスポインターを合わせると、挿入マークが表示されます。クリックすると、

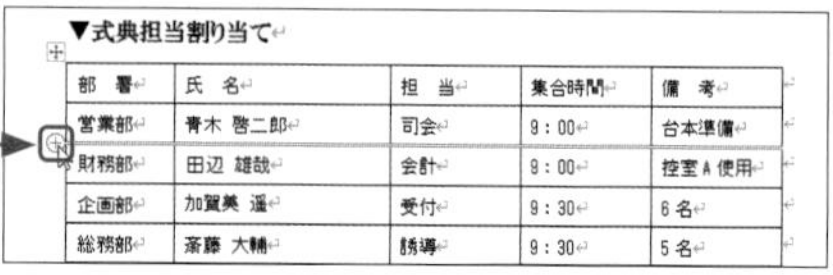

2 行が挿入されます。

3 列も同様に挿入マークをクリックすると、

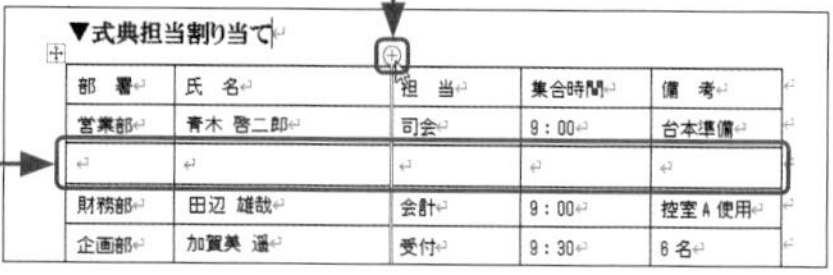

「メモ」参照

4 列が挿入されます。

メモ コマンドを利用する

挿入したい位置にカーソルを移動して、<表ツール>の<レイアウト>タブで<上に行を挿入><下に行を挿入>、<左に列を挿入><右に列を挿入>をクリックしても挿入できます。

参考 行・列の削除

行（列）を選択して右クリックし、<行（列）の削除>をクリックします。または、<表ツール>の<レイアウト>タブで<削除>をクリックして削除の対象をクリックします。

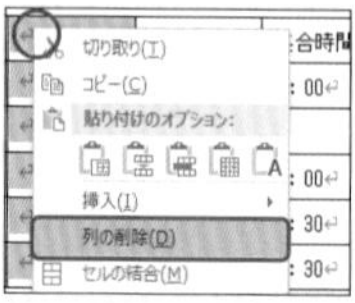

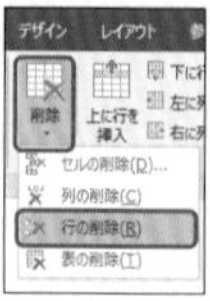

PART 6 表の作成で困った！

対応バージョン 2019 2016 2013 365

困った度

Question 06

表を自由に移動したい

Answer 表を選択してドラッグします。

1 ここをクリックして、

2 そのままドラッグします。

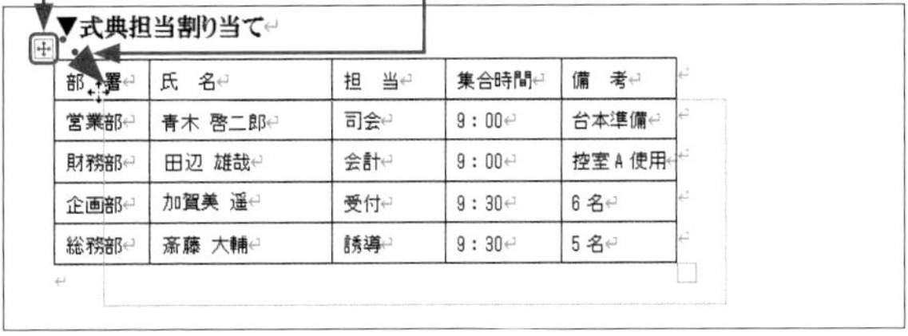

部　署	氏　名	担　当	集合時間	備　考
営業部	青木 啓二郎	司会	9：00	台本準備
財務部	田辺 雄哉	会計	9：00	控室Ａ使用
企画部	加賀美 遥	受付	9：30	6名
総務部	斎藤 大輔	誘導	9：30	5名

3 表が移動します。

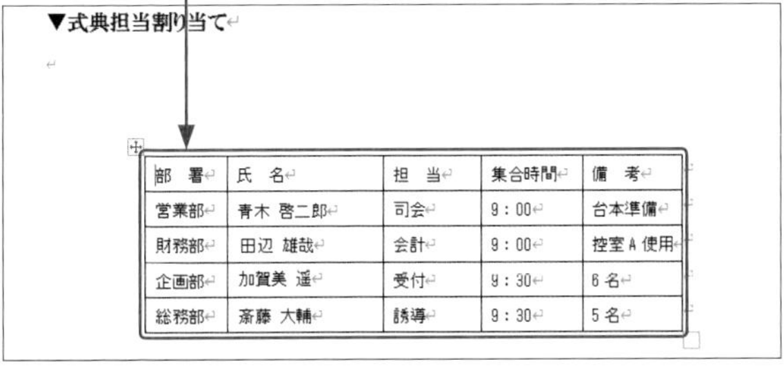

部　署	氏　名	担　当	集合時間	備　考
営業部	青木 啓二郎	司会	9：00	台本準備
財務部	田辺 雄哉	会計	9：00	控室Ａ使用
企画部	加賀美 遥	受付	9：30	6名
総務部	斎藤 大輔	誘導	9：30	5名

参考 列の移動マーカーを利用する

表内にカーソルを移動すると、ルーラーに<列の移動>マーカー が表示されます。一番左の<列の移動>マーカーをを右方向にドラッグすると、表を横に移動できます。なお、ルーラーを表示するには、<表示>タブの<ルーラー>をオンにします。

一番左の<列の移動>マーカーをドラッグします。

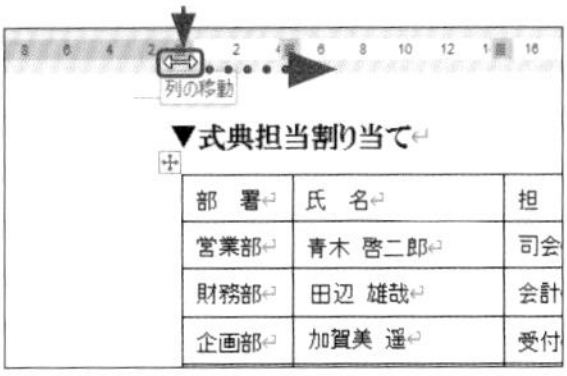

困った度

Question 07

セル内の文字を中央揃えにしたい

Answer ＜表ツール＞の＜レイアウト＞タブにある文字列の配置を利用します。

1 行を選択します。

2 ＜表ツール＞の＜レイアウト＞タブをクリックして、

3 ＜中央揃え＞をクリックします。

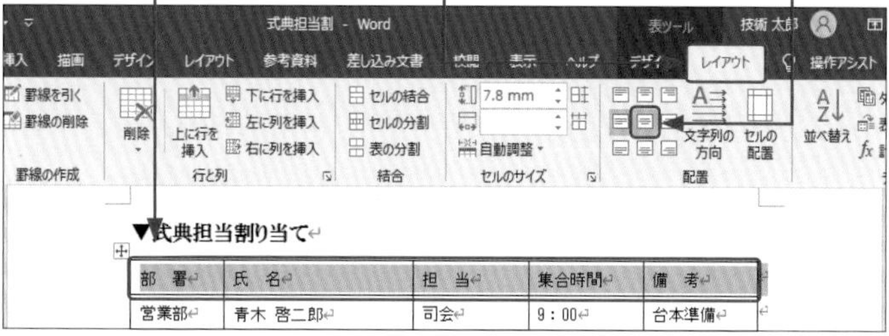

4 セル内の文字が中央に揃います。

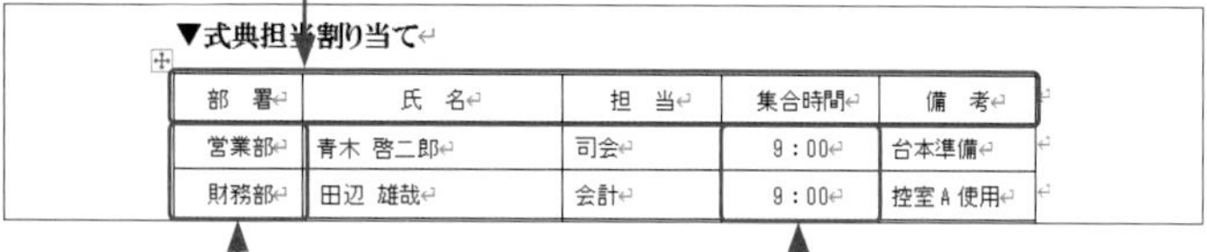

5 ほかのセルも中央揃えにします。

メモ セル内の配置

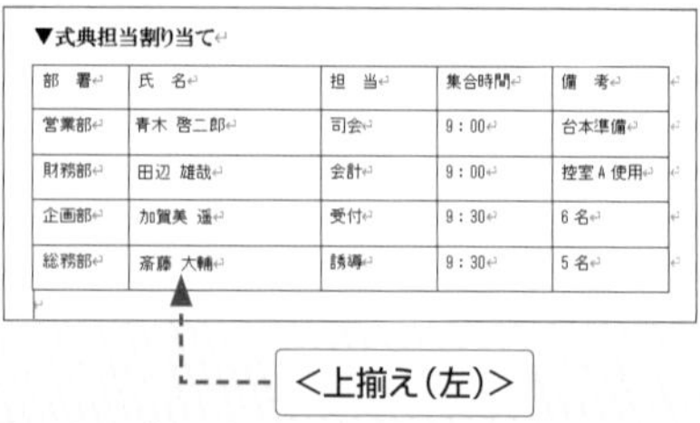

＜上揃え（左）＞

セル内の文字列の配置は、手順 3 の配置コマンドを利用します。表の作成時は、＜上揃え（左）＞に配置されますが、行の高さによっては上寄りになり見栄えがよくありません。セルの上下中央の位置にすると美しくなります。

Question

08 セルを分割したい

Answer <セルの分割>を利用します。

セルを2行に分割します。

1 分割したいセルを選択します。

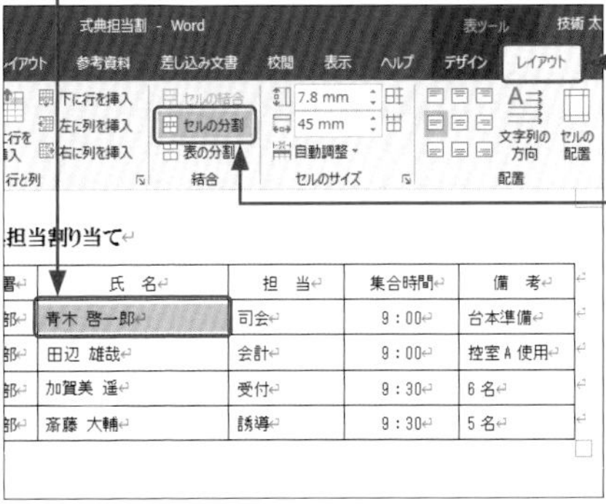

2 <表ツール>の<レイアウト>タブをクリックして、

3 <セルの分割>をクリックします。

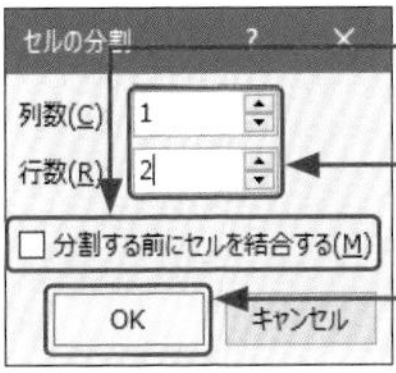

4 ここをオフにして、

5 分割後の列数(1)と行数(2)を指定し、

6 <OK>をクリックします。

7 分割されます。

参考 セルの結合

結合したい複数のセルを選択して、<表ツール>の<レイアウト>タブで<セルの結合>をクリックします。

困った度

Question 09

罫線の種類を変更したい

Answer 罫線の種類や太さ、色を設定して、対象の罫線の上をなぞります。

ここでは、タイトルの下の罫線を緑の二重罫線に変更します。

1 表内にカーソルを移動します。

2 <表ツール>の<デザイン>タブをクリックして、

3 <ペンのスタイル>のここをクリックし、

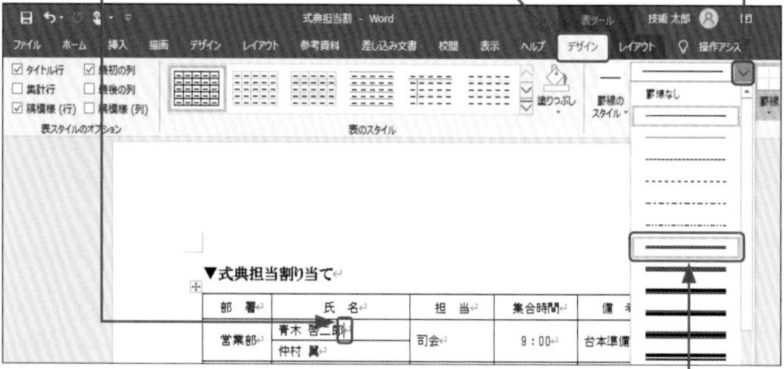

4 罫線の種類（二重罫線）をクリックします。

5 <ペンの太さ>のここをクリックして、

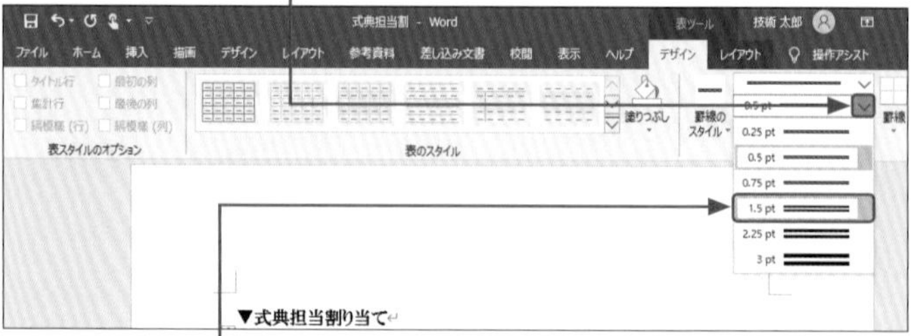

6 罫線の太さをクリックします。

PART 6 表の作成で困った！

対応バージョン 2019 2016 2013 365

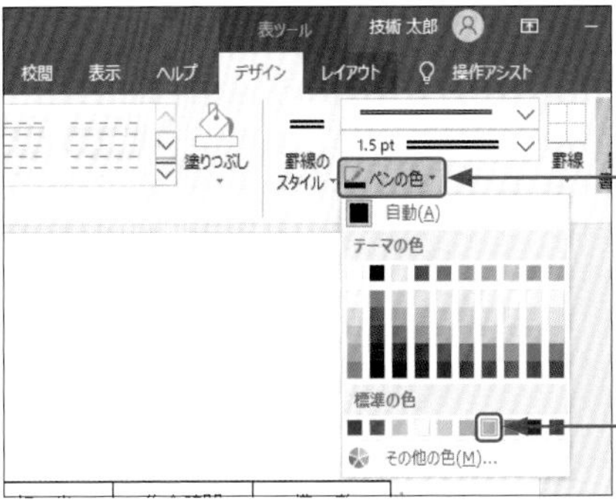

7 <ペンの色>のここをクリックして、

8 罫線の色（ここでは<薄い青>）をクリックします。

9 マウスポインターがペンの形に変化するので、

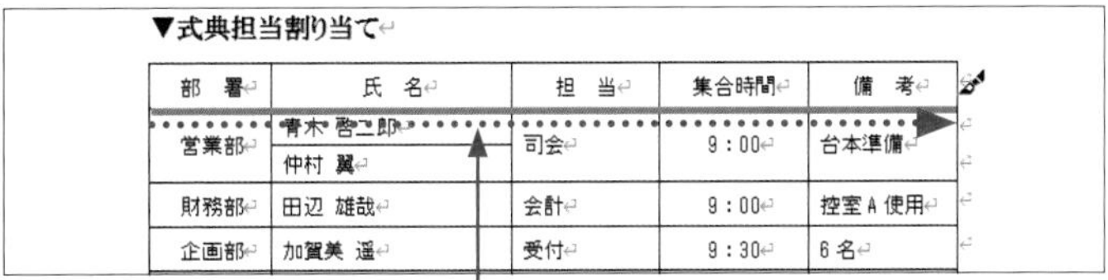

▼式典担当割り当て

部　署	氏　名	担　当	集合時間	備　考
営業部	青木 啓二郎	司会	9：00	台本準備
	仲村 翼			
財務部	田辺 雄哉	会計	9：00	控室A使用
企画部	加賀美 遥	受付	9：30	6名

10 変更したい罫線の上をドラッグしてなぞります。

11 罫線が変更されます。

12 Esc を押して、ペンの状態を解除します。

▼式典担当割り当て

部　署	氏　名	担　当	集合時間	備　考
営業部	青木 啓二郎	司会	9：00	台本準備
	仲村 翼			
財務部	田辺 雄哉	会計	9：00	控室A使用
企画部	加賀美 遥	受付	9：30	6名

参考 罫線のスタイル

<表ツール>の<デザイン>タブの<罫線のスタイル>にも色とセットになった罫線の種類が用意されています。すばやく罫線を引けるので便利です。

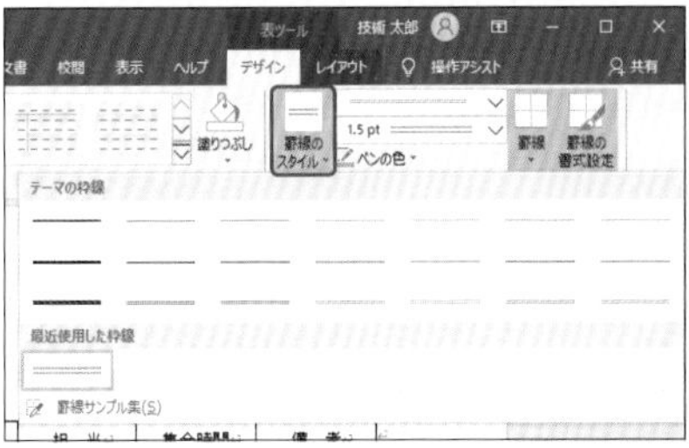

困った度

Question 10 罫線を削除したい

Answer <罫線の削除>で罫線をなぞります。

1 表内にカーソルを移動します。

2 <表ツール>の<レイアウト>タブをクリックして、

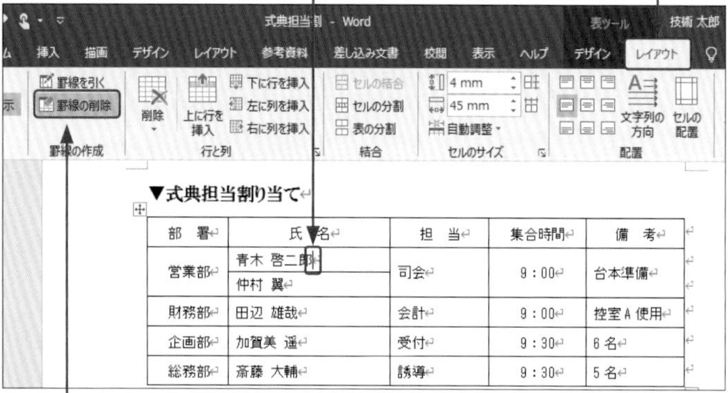

3 <罫線の削除>をクリックします。

4 マウスポインターが消しゴムの形に変わるので、

5 消したい罫線の上をなぞります。

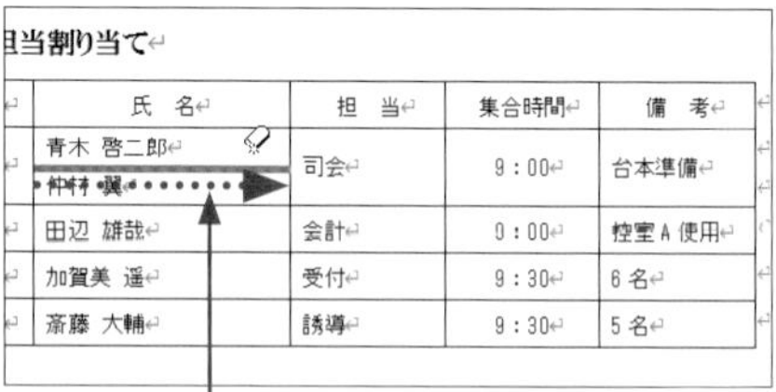

6 罫線が消えます。

7 Esc を押して、消しゴムの状態を解除します。

困った度

Question 11

セルに色を塗りたい

Answer ＜表ツール＞の＜デザイン＞タブの＜塗りつぶし＞から色を選びます。

1 行を選択します。

2 ＜表ツール＞の＜デザイン＞タブをクリックして、

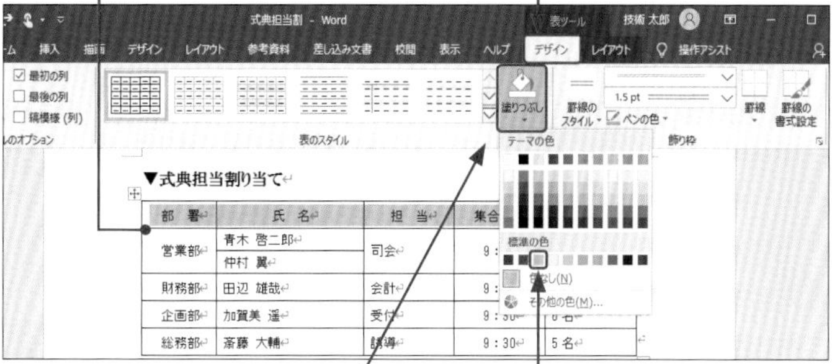

3 ＜塗りつぶし＞をクリックし、

4 色（ここでは＜オレンジ＞）をクリックします。

5 セルに色が塗られます。

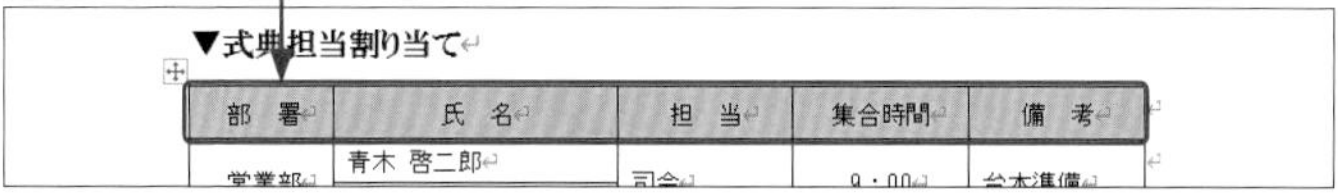

参考 **表のスタイルを利用する**

＜表ツール＞の＜デザイン＞タブで＜表のスタイル＞の▽をクリックして、スタイルの一覧を表示します。スタイルをクリックすると、かんたんに色を付けられます。

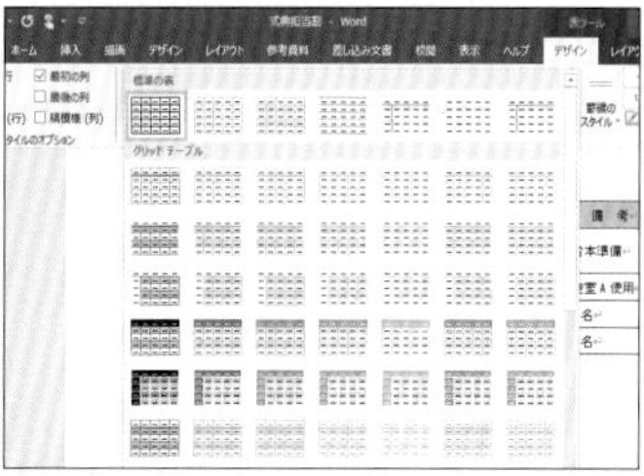

困った度

Question 12

表をやめて文字のみにしたい

Answer <表の解除>を利用します。

1 ここをクリックして、表を選択します。

2 <表ツール>の<レイアウト>タブをクリックして、

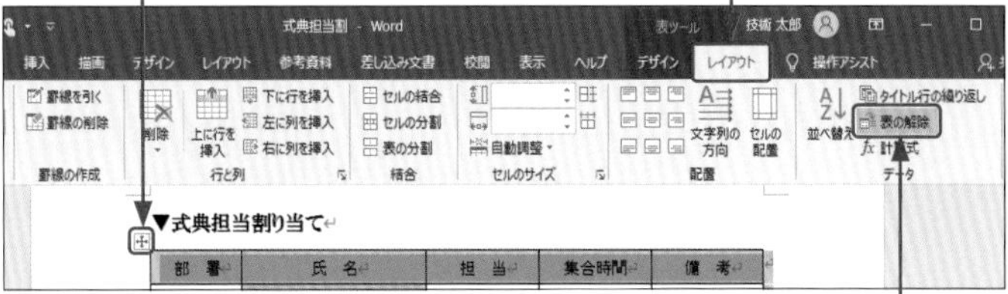

3 <表の解除>をクリックします。

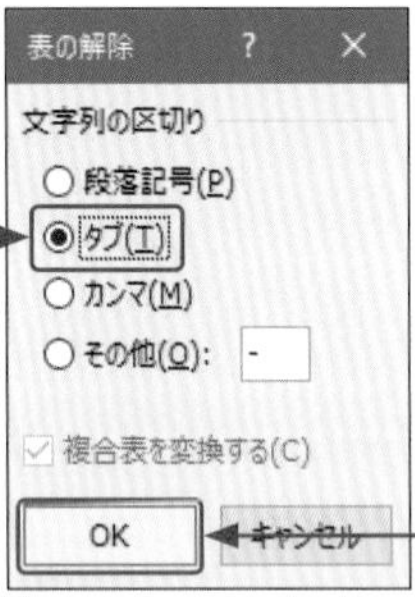

4 文字列の区切りを指定して（ここでは<タブ>)、

5 <OK>をクリックします。

6 表がなくなり、文字列がタブで区切られます。

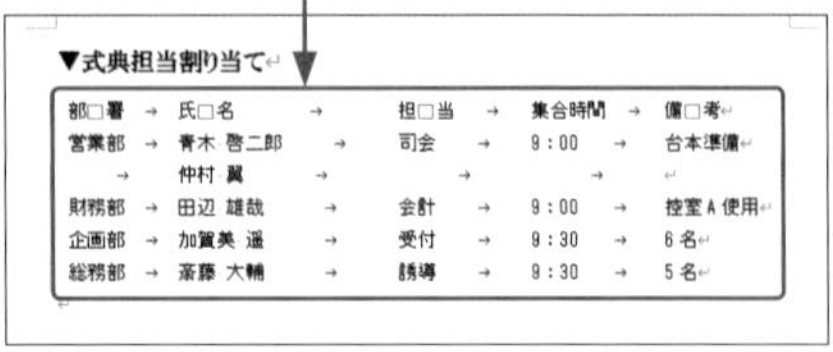

メモ 文字列の区切り

文字の解除では、解除後の文字列の区切りを指定します。タブは、各先頭文字を揃える場合に便利です（P.115参照）。段落記号は、すべての文字列が1行単位（段落）になります。

対応バージョン 2019 2016 2013 365

困った度

Question 13

文字列を表にしたい

Answer タブや段落記号で区切った文字列は、表に変更できます。

1 タブで区切った文字列を選択します。

2 <挿入>タブをクリックして、

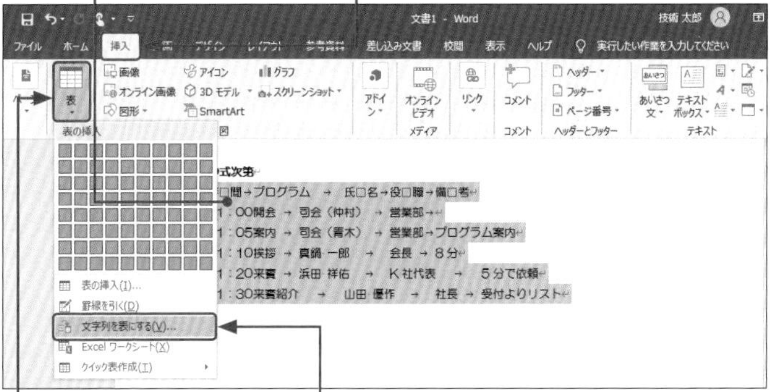

3 <表>をクリックし、

4 <文字列を表にする>をクリックします。

5 列数を指定して、

6 <タブ>をオンにし、

7 <OK>をクリックします。

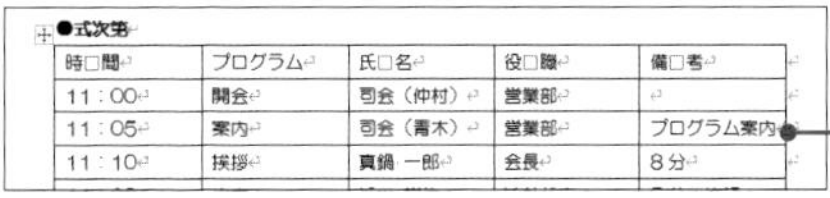

8 文字列が表になります。

PART 6 表の作成で困った！

対応バージョン 2019 2016 2013 365

困った度

Question 14

表内の数値を合計したい

Answer <計算式>を利用します。
値を変更した場合は、再計算も可能です。

1 合計のセルをクリックします。

2 <表ツール>の<レイアウト>タブをクリックして、

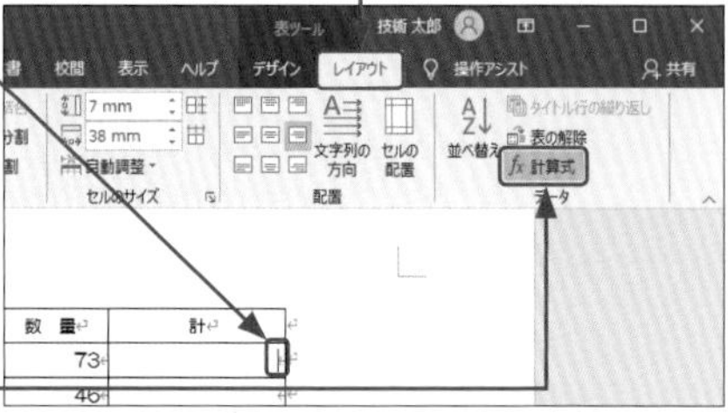

3 <計算式>をクリックします。

4 計算式「=B2*C2」を入力します（「メモ」参照）。

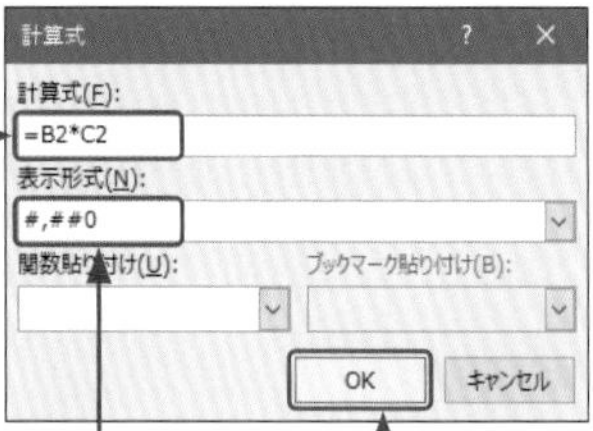

5 表示形式を選択して、

6 <OK>をクリックします。

メモ セルの番地と計算式

計算式は、表のセルの位置を基準にします。図のように、列にアルファベット、行に番号が割り振られ、セルの位置を示します。また、四則演算の記号には、＋（加算）、－（減算）、＊（乗算）、／（除算）を使います。

A1	B1	C1	D1	…
A2	B2	C2	D2	…
A3	B3	C3	D3	…

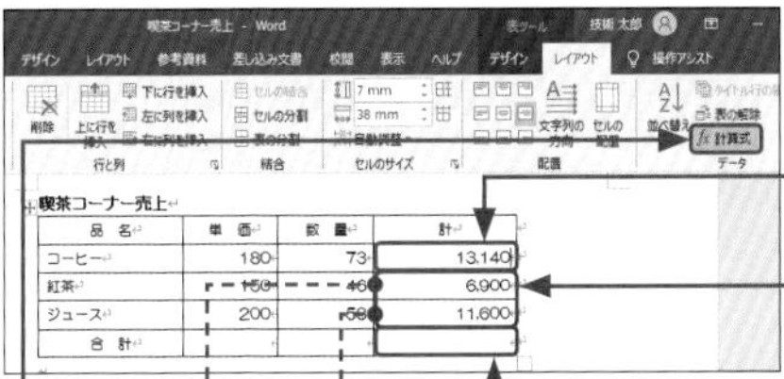

7 合計が計算されます。

8 ほかの合計欄も同様に計算します。

=B3*C3

=B4*C4

9 列の合計のセルをクリックして、

10 <計算式>をクリックします。

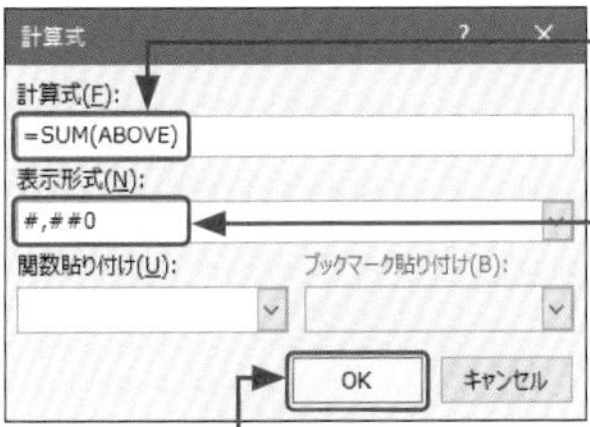

11 計算式「=SUM(ABOVE)」を入力します（「メモ」参照）。

12 表示形式を選択して、

13 <OK>をクリックします。

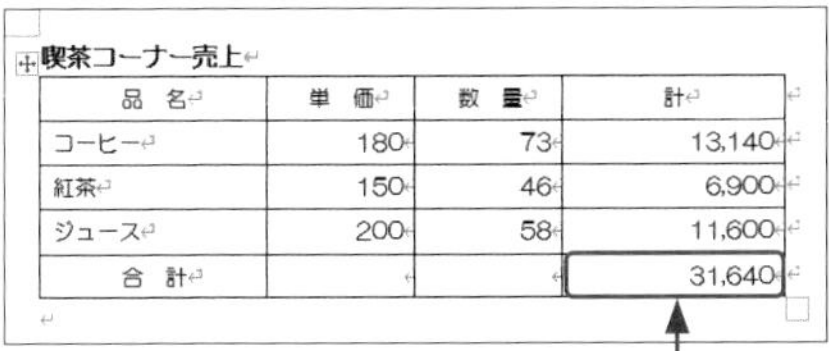

喫茶コーナー売上

品 名	単 価	数 量	計
コーヒー	180	73	13,140
紅茶	150	46	6,900
ジュース	200	58	11,600
合 計			31,640

14 合計欄が計算されます。

メモ **関数を利用する**

計算式には関数を利用でき、合計はSUM関数です。列の上の連続するセルの値の合計は「=SUM（ABOVE）」、行の左側の値の合計は「=SUM（LEFT）」となります。

参考 **再計算**

計算する値が変わった場合は、合計値を選択して右クリックし、<フィールド更新>をクリックすると再計算されます。

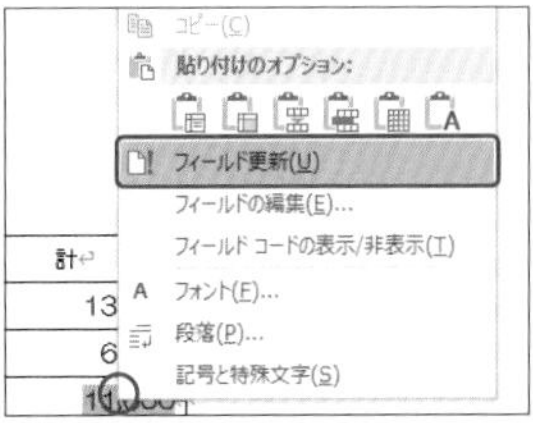

困った度

Question 15 Excelの表を挿入したい

Answer Excelの表をコピーして、Word文書に貼り付けます。

1 Excel（ここではExcel 2019）を起動します。

2 作成した表を選択して、

3 ＜ホーム＞タブの＜コピー＞をクリックします。

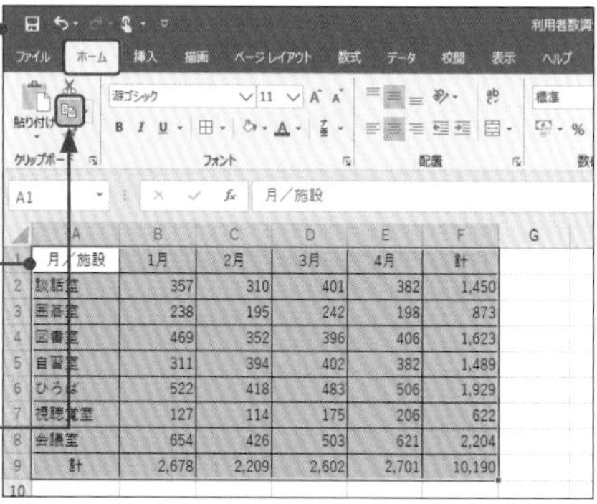

4 Word文書を表示して、

5 表を挿入する位置にカーソルを移動し、

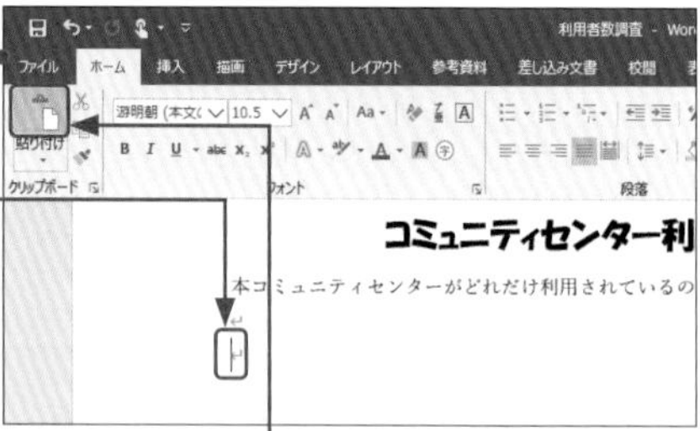

6 ＜ホーム＞タブの＜貼り付け＞をクリックすると、

7 Excelの表が挿入されます。

対応バージョン 2019 2016 2013 365

困った度

Question 16

挿入した表のデータを編集したい

Answer Excelデータを編集できるように
リンクで貼り付けます。

1 P.180の手順1～5まで操作します。

2 ＜ホーム＞タブの＜貼り付け＞の下部をクリックして、

3 ＜形式を選択して貼り付け＞をクリックします。

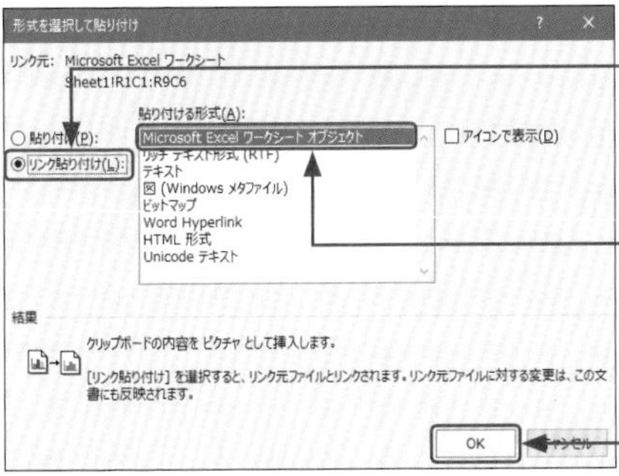

4 ＜リンク貼り付け＞をクリックしてオンにし、

5 ＜Microsoft Excel ワークシートオブジェクト＞をクリックして、

6 ＜OK＞をクリックします。

7 表が挿入されます。

月／施設	1月	2月	3月	4月	計
談話室	357	310	401	382	1,450
囲碁室	238	195	242	198	873
図書室	469	352	396	406	1,623
自習室	311	394	402	382	1,489
ひろば	522	418	483	506	1,929
視聴覚室	127	114	175	206	622
会議室	654	426	503	2,080	3,663
計	2,678	2,209	2,602	4,160	11,649

8 表をダブルクリックするとExcelが起動し、もとの表を編集できます。

メモ リンク貼り付け

単に貼り付けた表は計算式などが反映されません。リンク貼り付けにすると、もとデータの値が変更された場合、Word文書に貼り付けた表にも反映されます。

困った度

Question 17

Excelのグラフを挿入したい

Answer

Excelデータを編集できるように
リンクで貼り付けます。

1 Excel(ここではExcel 2019)を起動します。

2 作成したグラフを選択して、

3 ＜ホーム＞タブの＜コピー＞をクリックします。

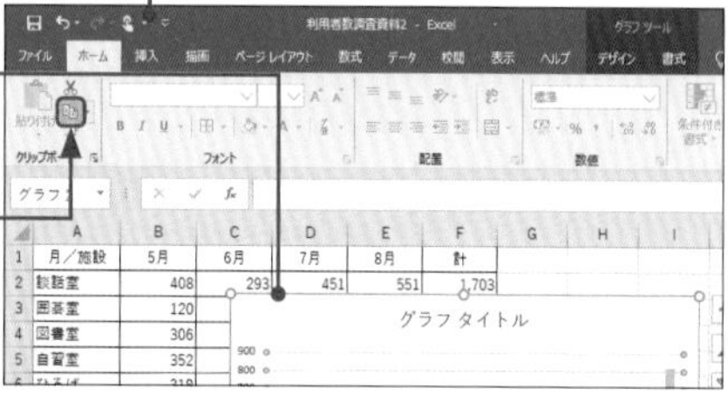

4 Word文書を表示して、

5 グラフを挿入する位置にカーソルを移動します。

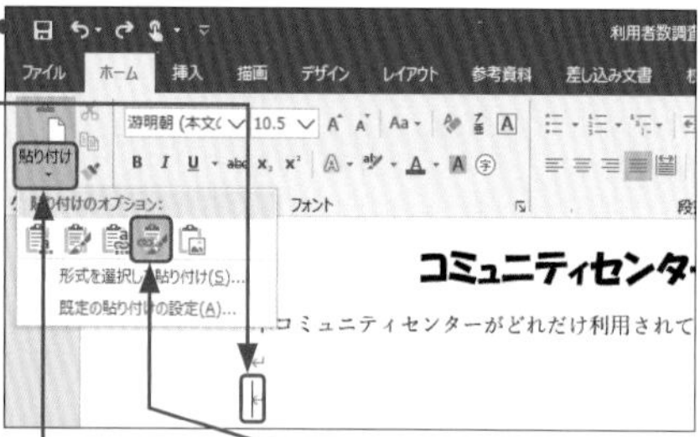

6 ＜ホーム＞タブの＜貼り付け＞の下部をクリックして、

7 ＜元の書式を保持してデータをリンク＞をクリックします。

8 グラフが貼り付けられます。

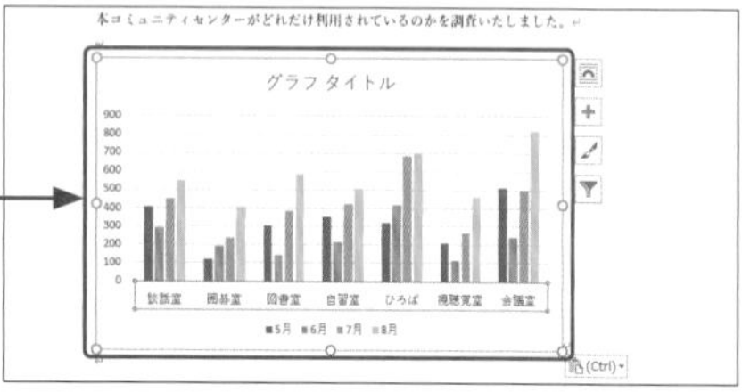

メモ グラフの貼り付け

グラフを単に貼り付けてもかまいませんが、操作のようにリンクして貼り付けると、もとデータを変更した場合に、自動的に変更が反映されます。

困った度

Question 18

挿入したグラフのデザインを変更したい

Answer グラフスタイルのデザインを利用します。

1 グラフをクリックして選択します。

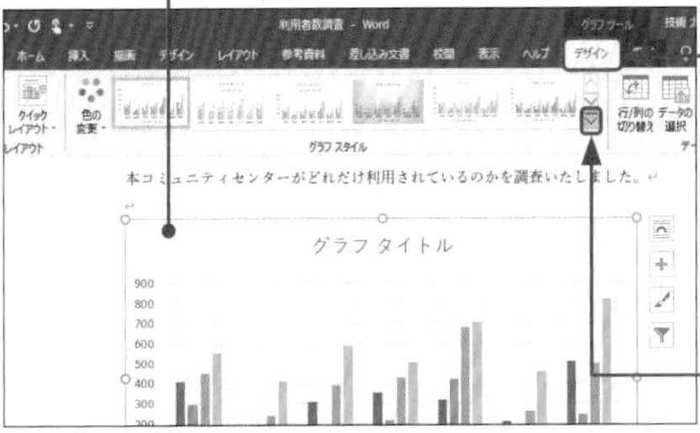

2 ＜グラフツール＞の＜デザイン＞タブをクリックして、

3 ここをクリックします。

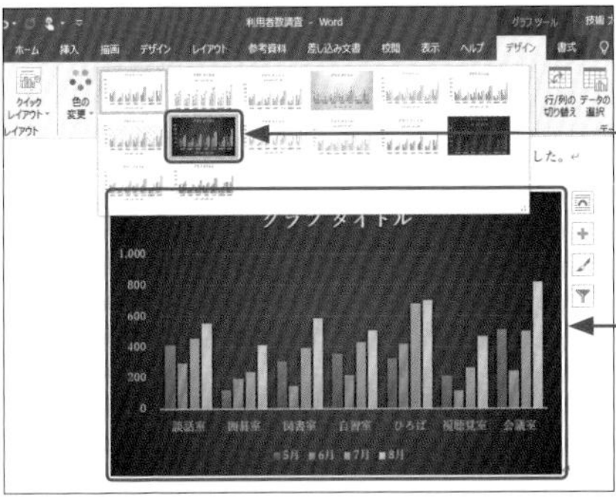

4 デザインをクリックすると、

5 グラフのデザインが変わります。

参考 **色の変更**

＜グラフツール＞の＜デザイン＞タブにある＜色の変更＞をクリックすると、カラーバリエーションが表示されるので、クリックすると変更できます。

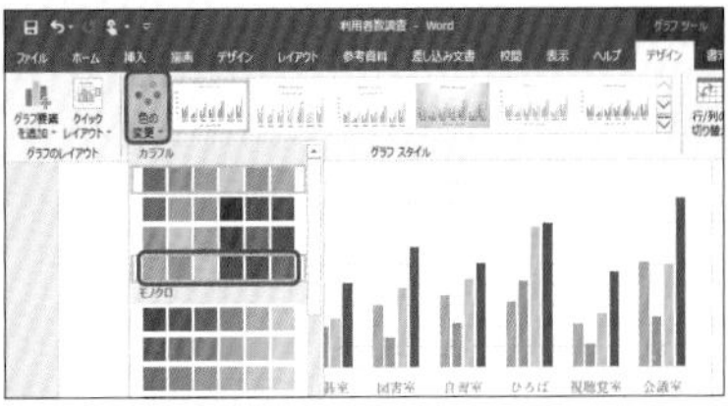

PART 6 表の作成で困った！

対応バージョン 2019 2016 2013 365

新規文書を作成する

文書を開いているときに新規文書を作成するには、<ファイル>タブをクリックして、<新規>→<白紙の文書>をクリックします。Ctrlを押しながらNを押すと、すばやく作成できます。

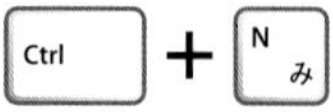

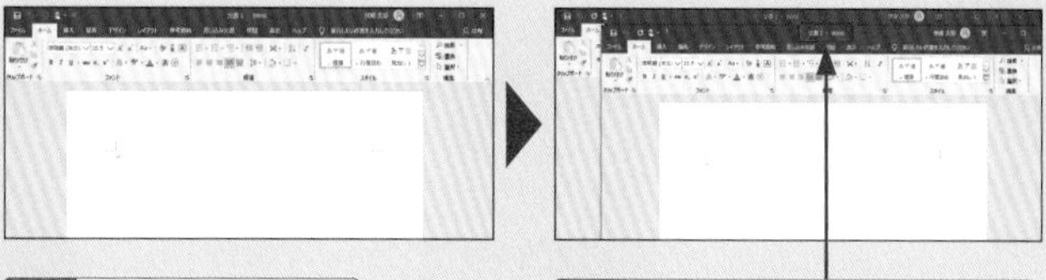

1 Ctrl+Nを押すと、

2 新しい文書が作成されます。

<名前を付けて保存>ダイアログボックスを表示する

作成した文書を始めて保存する場合は、名前を付けて保存します。F12を押すと、<名前を付けて保存>ダイアログボックスが表示されるので、<ファイル>タブから操作するよりもすばやく操作ができます。

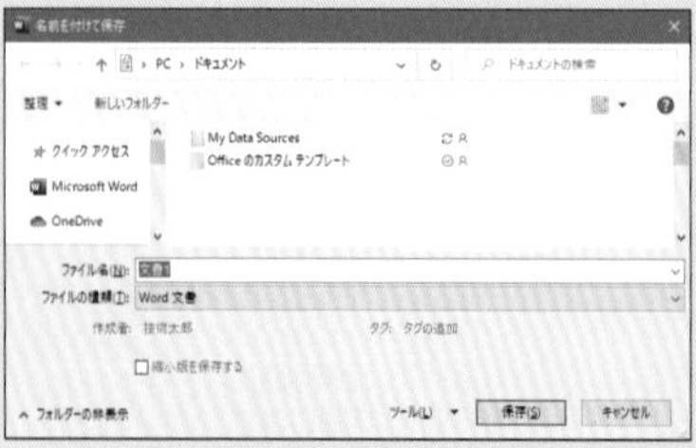

F12を押すと、<名前を付けて保存>ダイアログボックスが表示されます。

＜ファイルを開く＞ダイアログボックスを表示する

文書を開いているときにほかのファイル開く場合は、Ctrlを押しながらF12を押すと＜ファイルを開く＞ダイアログボックスを表示します。

Ctrl ＋ F12

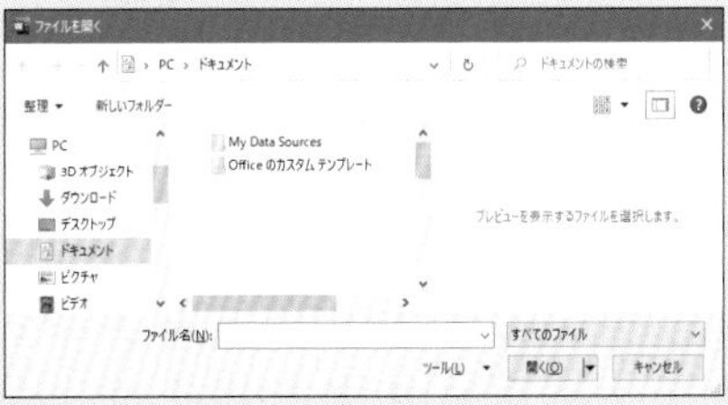

Ctrl＋F12を押すと、＜ファイルを開く＞ダイアログボックスが表示されます。

文書を閉じる

Wordを起動したまま文書を閉じるには、＜ファイル＞タブの＜閉じる＞をクリックするほか、Ctrlを押しながらWを押す方法もあります。なお、Wordを終了するにはAltを押しながらF4を押します。

Ctrl ＋ W て

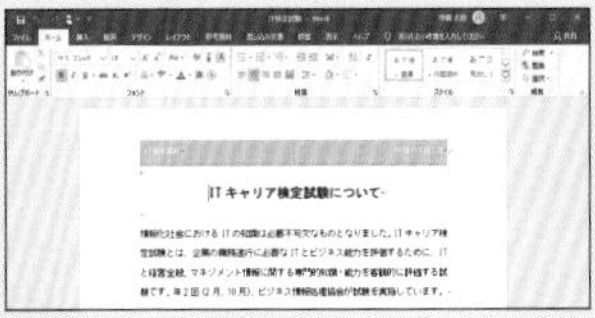

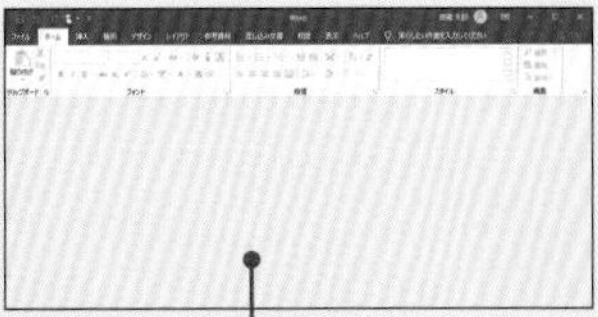

1 文書を保存して、Ctrl＋Wを押します。

2 Wordが起動したまま、文書が閉じます。

カーソルを文書の先頭に移動する

文書の編集中にカーソルをほかの場所に移動させたい場合、キーボードショートカットキーを使うと便利です。文書の先頭に移動するには、Ctrlを押しながらHomeを押します。

Ctrl + Home

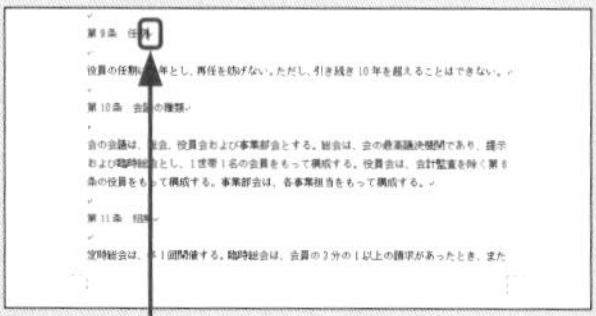

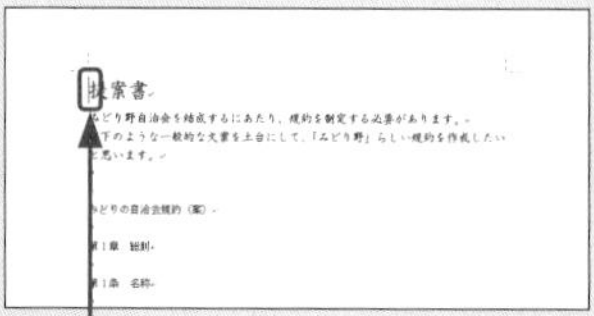

1 Ctrl+Homeを押すと、

2 文書の先頭にカーソルが移動します。

カーソルを前ページ／次ページの先頭に移動する

前ページの先頭に移動するには、Ctrlを押しながらPageUpを押します。
次ページの先頭に移動するには、Ctrlを押しながらPageDownを押します。

Ctrl + Page Up ／ Ctrl + Page Down

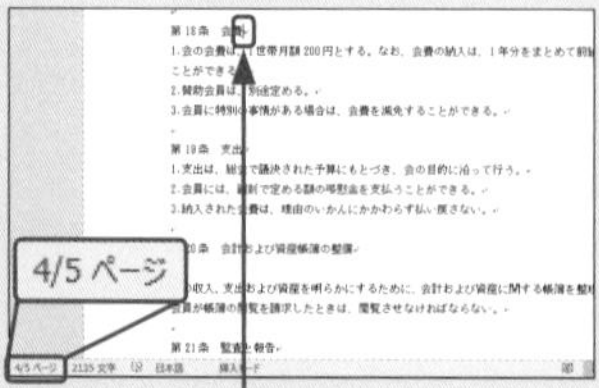

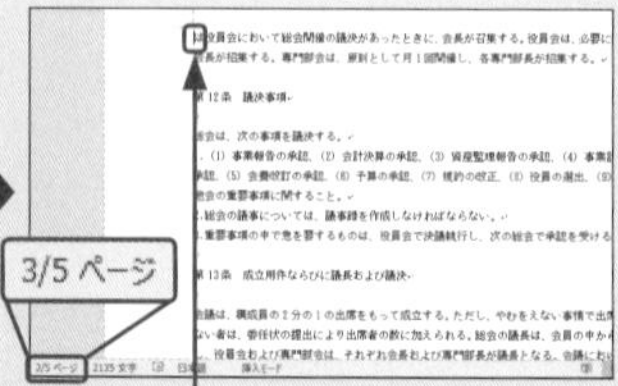

1 Ctrl+PageUpを押すと、

2 前ページの先頭に移動します。

文字に太字や斜体を設定する

文字列を選択して、[Ctrl]を押しながら[B]を押すと太字、[Ctrl]を押しながら[I]を押すと斜体になります。文字を入力する前にキーを押すと、それ以降の文字が太字／斜体で入力されます。再度押すと解除されます。

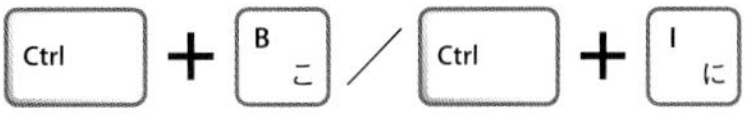

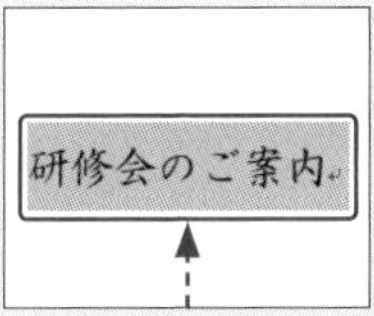

文字列を選択します。

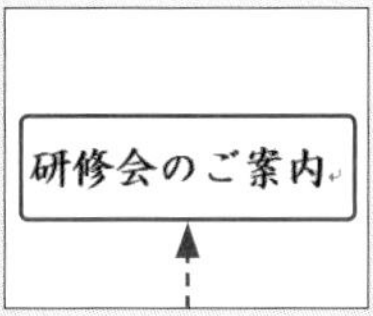

[Ctrl]＋[B]を押すと、太字になります。

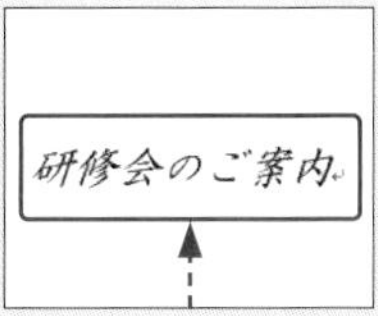

[Ctrl]＋[I]を押すと、斜体になります。

文字に下線を設定する

文字列を選択して、[Ctrl]を押しながら[U]を押すと、下線が引かれます。文字を入力する前にキーを押すと、それ以降に入力する文字に下線が引かれます。再度押すと解除されます。

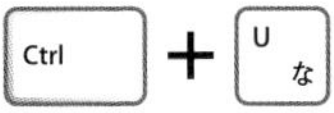

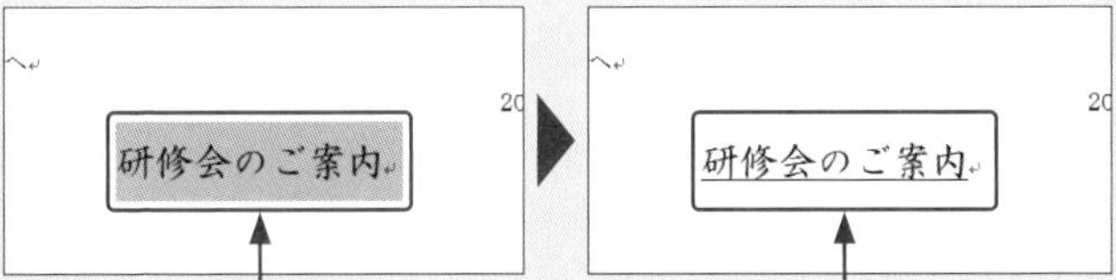

1 文字列を選択して、[Ctrl]＋[U]を押すと、

2 下線が引かれます。

フォントサイズを変更する

文字列を選択して、[Ctrl]を押しながら[[]を押すと1ポイント(pt)小さくなり、[Ctrl]を押しながら[]]を押すと1pt大きくなります。＜フォントサイズ＞から何度も選び直さなくて済みます。

Ctrl ＋ [／ Ctrl ＋]

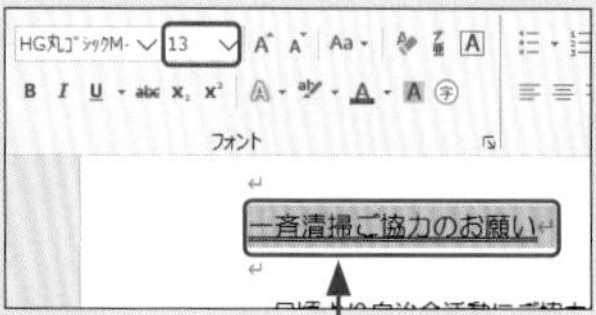

1 12ptの文字列を選択して、[Ctrl]＋[]]を2回押すと、

2 14ptになります。

段落の配置を揃える

段落にカーソルを置くと、段落が対象の書式設定ができます。[Ctrl]を押しながら[E]を押すと、段落の配置が中央揃えになります。そのほか、右揃え([Ctrl]＋[R])、両端揃え([Ctrl]＋[J])なども設定できます。

Ctrl ＋ E ／ Ctrl ＋ R ／ Ctrl ＋ J

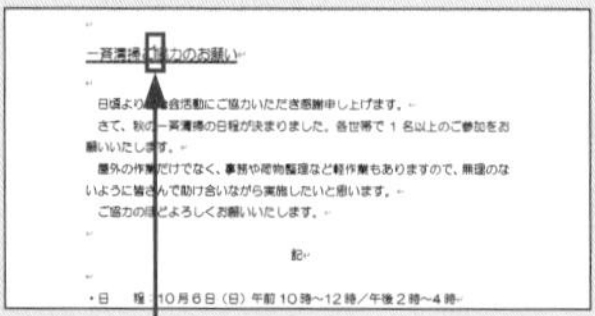

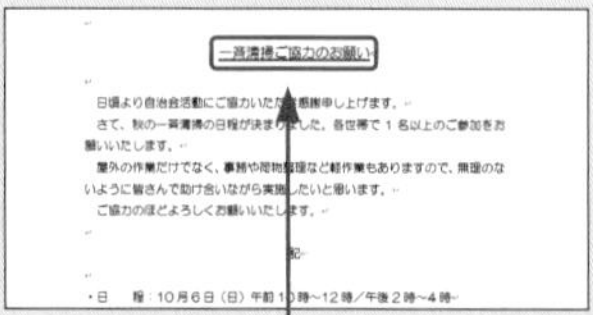

1 段落内にカーソルを移動して、[Ctrl]＋[E]を押すと、

2 中央揃えになります。

書式をコピー／貼り付ける

文字列を選択して、Ctrlと Shiftを押しながらCを押すと書式だけコピーされます。別の文字列を選択して、CtrlとShiftを押しながらVを押すと、書式が貼り付けられます。ほかの文字や書式をコピーしなければ、繰り返して貼り付けできます。

Ctrl ＋ ⇧Shift ＋ C そ ／ Ctrl ＋ ⇧Shift ＋ V ひ

1 文字列を選択して、Ctrl＋Shift＋Cを押します。

2 貼り付ける文字列を選択して、Ctrl＋Shift＋Vを押すと、

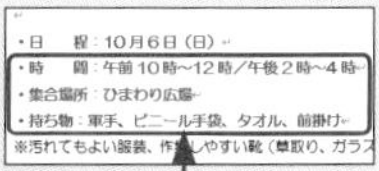

3 書式が貼り付けられます。

改ページを挿入する

文書内の任意の位置でページを変えるには、Ctrlを押しながらEnterを押して改ページします。

Ctrl ＋ Enter

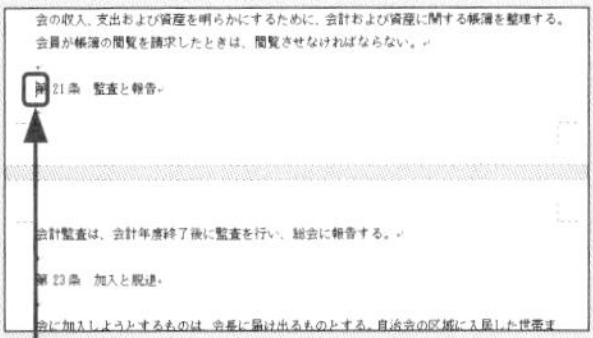

1 ページを変えたい位置にカーソルを移動して、Ctrl＋Enterを押します。

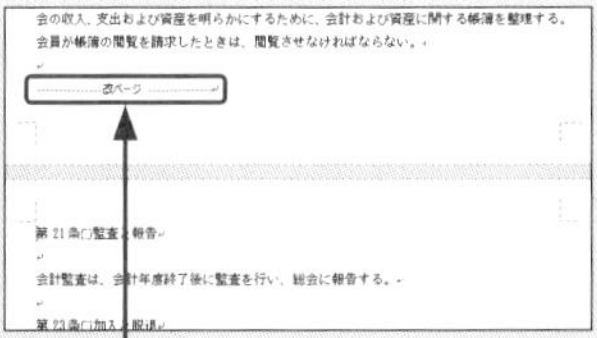

2 改ページ記号が挿入されて、改ページされます。

索 引